바다 동물은
왜 느림보가 되었을까?

SABORI JOZU NA DOBUTSU TACHI: UMI NO NAKA KARA SHINHAKKEN!
by Katsufumi Sato and Tadamichi Morisaka

ⓒ 2013 by Katsufumi Sato and Tadamichi Morisaka
First published 2013 by Iwanami Shoten, Publishers, Tokyo.
This Korean language edition published 2014
by Dolbegae Publishers, Paju
by arrangement with the proprietor c/o Iwanami Shoten, Publishers, Tokyo.

바다 동물은 왜 느림보가 되었을까?

08 ── 게을러야 살아남는 이상한 동물 이야기

사토 가쓰후미, 모리사카 다다미치 지음, 유은정 옮김

2014년 12월 22일 초판 1쇄 발행

펴낸이 한철희 | 펴낸곳 돌베개 | 등록 1979년 8월 25일 제406-2003-000018호
주소 (413-756) 경기도 파주시 회동길 77-20 (문발동)
전화 (031) 955-5020 | 팩스 (031) 955-5050
홈페이지 www.dolbegae.com | 전자우편 book@dolbegae.co.kr
블로그 imdol79.blog.me | 트위터 @dolbegae79 | 페이스북 /dolbegae

책임편집 우진영 · 권영민 | 표지디자인 박진범 | 본문디자인 박정영 · 이은정 · 김동신
마케팅 심찬식 · 고운성 · 조원형 | 제작 · 관리 윤국중 · 이수민 | 인쇄 · 제본 상지사 P&B

ISBN 978-89-7199-643-0 44490
        978-89-7199-452-8 (세트)

책값은 뒤표지에 있습니다.

이 도서의 국립중앙도서관 출판예정도서목록(CIP)은 서지정보유통지원시스템 홈페이지(http://seoji.nl.go.kr)와
국가자료공동목록시스템(http://www.nl.go.kr/kolisnet)에서 이용하실 수 있습니다.
(CIP제어번호: CIP2014034647)

바다 동물은
왜 느림보가 되었을까?

게을러야 살아남는 이상한 동물 이야기

사토 가쓰후미 · 모리사카 다다미치 지음 ─ 유은정 옮김

돌베개

머리말

나는 갑자기 시각을 빼앗긴 경험이 있다. 남극에서 바다표범을 조사하고 있을 때였다. 스노모빌을 타고 사방에 온통 얼음이 펼쳐진 바다 위를 달렸다. 목적지는 전방 20km 부근의 섬에 설치된 캠프였다. 쾌청한 날씨라 시야를 가로막는 것이 하나도 없는 해빙 위에서 그저 스노모빌을 타고 내달리고 있었다. 그런데 옆에서 바람이 불어온다고 느낀 순간, 해빙 위에 쌓인 눈가루가 날아올라 주변이 온통 유백색으로 둘러싸였다. 내가 나아가고자 했던 방향은 물론 스노모빌의 바로 앞도 보이지 않고 위아래조차 헷갈렸다. 바람은 곧 잦아들었고 100m 앞의 시야가 확보되어 다시 스노모빌을 움직이기 시작했는데, 이상하게도 내가 짐작하는 길과 GPS가 가리키는 방향이 90도나 어긋나 있었다. 인간의 감각을 믿어야 할지 오차가 적은 기계를 믿어야 할지 반신반의한 채 GPS의 지시를 따라 내달렸는데 다행히도 무사히 캠프에 도착했다.

이 경험을 통해 사람은 전적으로 시각에 의존해 살아가고 있다는 것을 실감했다. 내가 방향을 잃고 망연자실해 있을 때 발밑 얼음 아래에서는 바다표범과 펭귄이 헤엄치며 돌아다니고 있었을 텐데,

바다 동물은 왜 느림보가 되었을까?

그 동물들은 도대체 어떻게 방향을 알고 있는 것일까. 땅 위에 비해 시야가 크게 제한된 물속에서는 시각 이외의 감각에 의존해야 한다. 시각 이외의 감각에 의지해 살아가는 동물은 사람과 다른 세계관을 가지고 있을 가능성이 있다. 그 세계관에 다가가기 위해서는 관찰뿐만 아니라 때로는 시점과 수단을 바꿔 보는 것이 좋을 것이다.

이 책은 사토 가쓰후미와 모리사카 다다미치, 두 명이 공동 집필했다. 1, 2, 4, 5장을 맡은 사토 가쓰후미는 어류, 파충류, 조류, 포유류를 대상으로 몸에 소형 카메라나 행동 기록계를 부착하는 '바이오로깅'bio logging 방식의 연구를 진행하고 있다. 3장을 맡은 모리사카 다다미치는 음향으로 고래를 연구했다. 행동학과 생태학에 관련된 과제를 다루고 있는 이 두 사람은 일반적인 방법과는 약간 다른 방법으로 동물을 살폈다. 그리고 독특한 시점으로 야생동물의 '진정한 모습'을 소개한다.

사토 가쓰후미

차례

1장
보이지 않는 바닷속

너에 대해 더 알고 싶어

밥 먹을 때는 좀 봐줘

보이는 듯 보이지 않는 바닷속 동물들

돌고래와 펭귄은 수족관 인기투표에서 늘 1, 2등을 다툰다. 이들 외에도 상어, 바다거북, 바다표범, 고래 등 바다에서 사는 대형 동물은 어린이에서 어른에 이르기까지 많은 팬을 확보하고 있다. 그런데 이런 인기 동물이 바닷속에서는 어떻게 살고 있는지 잘 모른다. 단순히 모른다기보다는 거의 수수께끼에 싸여 있다고 해도 좋을 것이다. 왜 그들의 생활이 수수께끼에 싸여 있는 것일까. 그것은 우리가 물속에서 생활하는 모습을 직접 볼 수 없기 때문이다.

독자들 중에는 "안 보이긴, 다 보이는데!"라며 반론을 제기하는 사람도 있을 것이다. 그렇긴 하다. 고래 관찰선을 타면 돌고래나 고래가 수면 위로 뛰어오르는 모습을 볼 수 있고 남극 투어에 참가하면 얼음 위를 아장아장 걷는 펭귄, 한가로이 누워 있는 바다표범 등을 목격할 수 있다. 더 손쉬운 방법으로는 스노클링이 있다. 바다에 잠수하면 바위들이나 산호초 사이를 헤엄치는 물고기를 볼 수 있고 운이 좋으면 상어나 거북도 만날 수 있을 것이다.^{그림 1.1} 하지만 왜 돌

그림 1.1
① 수면 위로 뛰어오르는 흰배낫돌고래
② 얼음 위를 걷는 황제펭귄
③ 태어난 지 얼마 되지 않은 웨들바다표범 새끼
④ 미쿠라 섬의 청색바다거북

고래와 고래가 수면 위로 뛰어오르는지 그 이유는 모른다. 펭귄이 몇 시간 동안이나 얼음 위를 걸을 수 있는지 알 수 없고 얼음 위에 누워 있는 바다표범을 아무리 자세히 살펴도 그들의 잠수 능력을 가늠할 수 없다. 바다에서 잠깐 목격한 상어나 거북은 그 후 어디로 헤엄쳐 가는 것일까. 육상동물인 우리가 물속에서 사는 동물들에 대해 조사하는 것은 사실 매우 어렵다.

1973년 노벨 생리학 의학상은 콘라트 로렌츠, 카를 폰 프리슈, 니콜라스 틴베르헌이 수상했다. 이들은 동물 행동 분야에서 '개체적 및 사회적 행동 양식의 조직화와 유발에 관한 발견'으로 공적을 인정받았다. 틴베르헌은 민물고기인 큰가시고기의 본능 행동에 관해 연구했다. 그는 물고기를 수조에 담아 상세하게 관찰하고, 가설을 검증하기 위한 실험을 했다. 큰가시고기 수컷은 번식기에 둥지를 중심으로 경계를 만들고 그곳에 다른 수컷이 다가오면 공격한다. 번식기에 접어든 수컷은 목과 배가 빨개진다. 이 두드러진 특징을 살려, 큰가시고기 수컷과 흡사하지만 배가 빨갛지 않은 모형 하나와 모습은 다르지만 배를 빨갛게 칠한 모형을 사용해서 각각 반응을 비교해 보았다. 수컷 큰가시고기는 모습이 비슷한 모형에는 반응을 보이지 않았지만 배가 빨간 모형에는 공격했다. 이 실험 결과로 동물의 본능 행동은 단순한 자극에 의해 나타난다는 것을 알 수 있다. 큰가시고기는 작은 민물고기라서 수조에 넣고 상세히 관찰할 수 있으며, 가설을 검증하기 위한 실험도 할 수 있다. 하지만 관찰 대상이 몸집 큰 수생동물이라면 사육이 만만치 않고 현장에 가서 관찰하기도 어렵다. 하물며 넓은 바다를 광범위하게 움직이거나 깊은 곳에 서식하는 동물은 야외에서 관찰하기는커녕 그 존재조차 잘 알려지지 않은 것도 있다.

예를 들어 부채이빨부리고래는 실체 없이 골격만 존재했는데, 2010년에 뉴질랜드 해안에서 사체로 발견되었다. 하지만 살아서 움직이는 모습은 아직 목격되지 않았다. 또 대형 수염고래인 오무라고래가 새로운 종으로 기록된 것은 2003년이었다.

이 외에 수수께끼에 싸인 대형 수생동물로는 실러캔스를 들 수 있다. 실러캔스는 화석으로 존재가 알려졌으며 약 7,000만 년 전에 절멸했다고 추측되었다. 그런데 1938년에 남아프리카에서 잡힌 개체가 과학자의 눈에 띄어 현재 살고 있는 동물 종으로 보고되었다. 아주 먼 옛날에 절멸했다고 알려진 실러캔스가 지금 시대에 살아 있다는 사실은 고생물 학자들에게 강력한 충격을 주었다. 그 뒤로 실러캔스가 여러 마리 포획되었지만, 살아 있는 개체가 바다에서 헤엄치는 모습이 관찰되기까지는 몇십 년이 걸렸다. 앞서 소개한 노벨상 수상자 콘라트 로렌츠 밑에서 학위를 취득한 한스 프리케는 독자적으로 잠수정을 개발해서 바닷속 실러캔스를 찾아다녔다. 결국 1987년에 코모로 제도 연안에서 살아 있는 실러캔스를 관찰하고 촬영하는 데 세계 최초로 성공했다. 프리케는 이후 21년에 걸쳐 연구를 계속하며 실러캔스가 헤엄치는 방법과 바다 밑에서 곤두서는 듯한 행동, 활동의 일주기성(하루를 주기로 하여 나타나는 생물 활동이나 이동의 변화 현상)과 100년 넘게 산다는 사실을 발견했다.

실러캔스처럼 사람 눈에 거의 띄지 않아 그 생활 모습이 베일에 싸여 있는 동물이라면, 실제로 바다에서 헤엄치는 모습을 잠시 바라만 봐도 특성 한두 개 정도는 파악할 수 있다. 하지만 그 동물의 평소 모습이나 움직임에 담긴 합리성을 이해하려면 그것만으로는 부족하다. 스토커처럼 24시간 내내 대상 동물을 주시하고 동물이 생활하는 모습을 오랫동안 계속 관찰해야 비로소 그 동물을 깊게 이해할 수 있다.

 꿀벌의 8자 춤

로렌츠, 틴베르헌과 함께 노벨상을 받은 프리슈는 꿀벌의 8자 춤을 발견한 것으로 유명하다. 8자 춤은 먹이를 발견한 꿀벌이 둥지로 돌아가 꿀이 있는 장소를 동료들에게 전하기 위해 하는 행동이다. 벌은 벌집 표면에서 엉덩이를 흔들며 일직선으로 나아가다가 오른쪽으로 돌아 원래 위치로 온다. 다시 엉덩이를 흔들면서 처음 직선을 더듬듯이 나아가다가 이번에는 왼쪽으로 돌아 원래 위치로 돌아온다. 벌은 이렇게 특징적인 움직임을 되풀이한다. 아마 예전에도 양봉가들은 벌이 이렇게 움직인다는 것을 알고 있었을 것이다. 하지만 처음으로 그 춤의 의미를 밝혀낸 장본인은 프리슈였다.

엉덩이를 흔들며 일직선으로 나아간다고 묘사했는데, 그 방향은 연직선(중력의 방향을 나타내는 선)을 따라 올라갈 수도 있고 내려올 수도 있으며 오른쪽 또는 왼쪽으로 조금 기울어지기도 한다. 기울기 각도는 태양을 기준으로 할 때 먹이가 있는 방향과 일치한다. 예를 들어 벌집에서 태양을 기준으로 왼쪽 90도 방향에 먹이가 있는 경우, 벌의 움직임은 왼쪽으로 90도 기울어진다.

더욱 놀라운 것은, 엉덩이를 흔들면서 나아가는 시간의 길이가 벌집에서 먹이까지의 거리를 나타낸다는 사실이다. 먹이가 벌집에서 가까우면 꿀벌은 짧은 시간에 8자 춤을 끝내고, 먹이까지 거리가 먼 경우에는 천천히 시간을 들여 8자 춤을 춘다.

꿀벌처럼 작은 벌레가 8자 춤을 추며 동료들에게 먹이가 있는 곳의 방향과 거리를 가르쳐 준다는 사실을 깨달았을 때, 프리슈는 분명히 전율할 정도로 감동을 느꼈을 것이다. 이 발견은 기호화된 언어 사용이 사람만의 특성이라 여기던 당시의 상식을 뒤집었다.

육상동물의 경우에는 섬세한 관찰이 가능해서 꿀벌의 8자 춤 외에도 놀라운 발견이 많았다. 그런데 바다, 호수, 강에서 사는 수생동물은 육상동물만큼 가까이서 관찰할 수 없다. 육지에서 사는 우리 인간은 물속에서 숨을 쉴 수 없기 때문이다. 깊은 바다는 어둡고 차갑고 압력도 높다. 이런 환경에서 주변에 있는 곤충을 찬찬히 관찰하는 것처럼 수생동물을 지켜보기는 어렵다.

🦭 해양 동물학자의 연구

충분히 관찰하지 못하고 좀처럼 연구가 진행되지 않는 상황이라고 해서 해양 동물학자들이 그저 손 놓고 바다만 쳐다보고 있었던 것은 아니다. 가끔씩 목격되는 수생동물의 모습은 바닷속 생활에 대한 의문을 뭉게뭉게 키웠다. '필요는 발명의 어머니'라고 하지 않던가. 호기심에 자극받은 과학자들은 이런저런 연구를 통해 해양 동물들의 수수께끼를 밝혀냈다.

그림 1.2는 남극해에 서식하는 웨들바다표범이 수면에서 숨을 쉬고 있을 때 직접 촬영한 사진이다. 남극해의 표면은 두께가 몇 미터나 되는 얼음으로 덮여 있다. 그래서 바다표범은 얼음이 갈라진 틈이나 구멍으로 얼굴을 내밀고 숨을 쉰다. 바다표범 옆에 떠 있는 것은 몸길이가 1.5m 정도나 되는 남극이빨고기이다. 물속에서 잡은 남극이빨고기를 수면으로 끌어 올리는 것은 쉽지 않은 일인지 바다표범은 평소보다 호흡이 가쁘다. 남극이빨고기는 다 죽어 가는 상태로 입을 뻐끔뻐끔 움직이고 있다. 수면에서 바다표범이 심호흡을 되풀이하는 동안 물고기는 마지막 힘을 쥐어짜 몸을 빙글 돌려 도망친다. 숨을 몰아쉬면서도 곁눈질로 고기를 감시하던 바다표범은 도망친 물고기를 잡아서 다시 수면까지 끌어 올린다. 이윽고 호흡을 고른 바다표범은 물고기를 먹기 시작한다.

먹이를 먹는 곳은 물속이다. 두께가 수 미터인 얼음 아래서 바다표범은 남극이빨고기를 머리부터 조금씩 물어뜯는다. 그림 1.3은

2003년에 촬영한 비디오 영상에서 발췌한 수중 사진이다. 강연할 때, 직접 찍었다는 설명과 함께 이 영상을 보여 주면 "남극에서 다이빙을 하셨나요? 대단하십니다."라는 감탄이 쏟아진다. 하지만 이 사진은 그렇게 험난한 경로로 얻은 결과물이 아니다. 미국 학자인 제럴드 쿠이먼이 고안한 수중 관찰 관에 들어가서 일반 가정용 비디오 카메라로 촬영한 영상이다.

수중 관찰 관은 어른이 겨우 통과할 수 있을 만한 넓이의 둥근 철관 끝에 방이 연결되어 있다. 방은 한 사람이 앉을 수 있는 크기이다. 관찰할 때는 얼음에 구멍을 뚫고 그 구멍에 철관을 박아 고정한다. 줄사다리를 타고 작은 방으로 내려가 의자에 앉으면 옆에 설치된 작은 유리창으로 수중 풍경을 들여다볼 수 있다. 창에서 올려다보면 위는 온통 하얀 얼음으로 덮여 있고, 주위로는 짙은 감색 바다가 펼쳐진다. 수족관에서는 동물이 수조에 갇혀 있지만, 남극에서는 관찰하는 사람이 좁은 공간에 들어가 있고 관찰 대상인 동물은 넓은 삼차원 공간을 자유로이 헤엄치며 돌아다닌다.

당연한 일이지만 동물이 항상 눈앞에 머물러 주지는 않는다. 먹이를 다 먹은 바다표범은 어딘가로 휙 헤엄쳐 사라진다. 유리창 너머로 보이는 바닷속 모습이 매우 흥미롭기도 하지만 동물을 계속 볼 수 없다는 불만이 점점 커졌다. 바다표범은 어디까지 헤엄쳐 가는 것일까? 먹이는 어떻게 잡을까? 부분적이긴 하지만 일단 실제로 움직이는 모습을 보고 나면 보이지 않는 부분에 대한 흥미가 오히려 높아진다. 아마 쿠이먼도 나와 같은 불만을 느꼈을 것이다.

바다 동물은 왜 느림보가 되었을까?

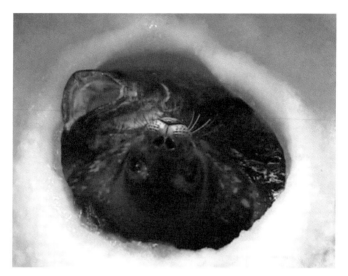

그림 1.2 남극이빨고기를 잡아 얼음 구멍으로 돌아온 웨들바다표범

그림 1.3 얼음 아래서 남극이빨고기를 먹는 웨들바다표범

쿠이먼은 1963년부터 1965년까지 미국 남극 기지가 있는 맥머도 만에서 웨들바다표범의 등에 심도 기록계를 달았다. 그 실험을 하기 1년 전인 1962년, 아서 드브리스는 일본의 쓰루미 정밀기계에서 제작한 심도 기록계로 웨들바다표범이 350m까지 잠수한다는 것을 발견했다. 쿠이먼은 최대 깊이만 기록하는 이 기계에 만족하지 못했던 것 같다. 그는 같은 회사에서 만든 기계에 개조한 조리용 타이머를 붙여서 태엽으로 움직이는 소형 심도계를 직접 제작했다. 하지만 개조한 기록계는 작동 시간이 짧아서 웨들바다표범이 잠수를 다 마치기도 전에 정지하곤 했다. 1966년에 쿠이먼이 발표한 논문을 보면 웨들바다표범의 최장 잠수 기록이 43분 20초인데 이때 심도 기록계의 기록은 33분에서 멈춰 있었다. 결국 잠수가 끝나기도 전에 타이머가 정지하는 바람에 수중 관찰 관에서 바다표범이 돌아오는 것을 보고 스톱워치로 잠수 시간을 잰 것이다. 같은 논문에서 보고된 600m라는 최대 깊이도 쿠이먼이 직접 만든 장치가 아니라 쓰루미 정밀기계가 제작한 심도 기록계로 측정한 것이었다. 쿠이먼이 개조한 심도계는 좋은 성과를 얻지 못했지만, 이때부터 동물 몸에 붙일 수 있는 소형 심도 기록계를 만들고 그 기록을 바탕으로 잠수 깊이에 대한 시계열(확률적 현상을 관측해서 얻은 값을 시간 순서에 따라 늘어놓은 계열. 기상 현상, 경제 동향 따위의 통계 이론에 쓰인다.) 데이터를 얻는 새로운 연구가 시작되었다.

바다표범을 관찰한 쿠이먼은 1967년부터 1969년에 걸쳐 황제펭귄을 대상으로 심도 기록계와 수중 관찰 관을 조합한 야외 실험을 실시했다. 그리고 황제펭귄이 최장 18분간, 최고 깊이 265m까지 잠수했다고 보고했다. 그 후 쿠이먼은 장치를 계속 개량해 물개가 최장 5분 30여 초 동안 최고 깊이 190m까지 잠수하고, 임금펭귄이 깊이가 240m 넘는 곳까지 잠수하는 것도 발견했다.

 나이토 야스히코 박사의 심도 기록계

시기상 쿠이먼보다는 늦었지만 일본에도 독자적으로 심도 기록계를 만든 사람이 있다. 1980년대 국립극지연구소에서 근무한 나이토 야스히코는 측정 관련 제품을 만드는 회사인 야나기 계기와 함께 톱니바퀴를 조합한 아날로그식 기록계를 만들었다. 당시 미국 제품의 기록 시간이 2주간이었던 데 비해, 나이토가 만든 제품의 기록 시간은 3개월에 달했다.

나이토는 바다표범에 관한 연구로 학위를 받았다. 학창 시절에 홋카이도 연안을 돌아다니며 바다표범 사냥꾼들과 함께 해빙이 떠다니는 바다에서 야외 조사를 했다. 얼음 위에서 쉬고 있는 바다표범을 사냥총으로 쏜 뒤 소형선을 얼음 옆에 붙인다. 배 위로 바다표범을 끌어 올려 작은 칼로 가죽을 벗기고 살점을 도려낸 뒤 머리뼈 표본을 얻는다. 이런 착실한 조사를 바탕으로, 홋카이도 연안에 살

그림 1.4 홋카이도에서 바다표범 사냥에 참가해 조사하는 나이토 야스히코 박사

며 해변에서 번식하는 잔점박이물범과 유빙에서 번식하는 점박이 물범의 생활에 관한 연구를 진행했다.^{그림 1.4} 잡을 생각으로 다가갔는 데 바다표범이 눈치채고 물속으로 도망가면 손쓸 방법이 없다. 그래서 나이토는 바다표범이 땅이나 얼음 위에 있을 때 관찰하고 가끔 포획을 했는데, 이런 방법으로 조사를 하고 있으면 머릿속에서 물음이 끊이지 않았다고 한다. '나는 도대체 바다표범들의 생활을 얼마나 이해하고 있는 것일까?' 그는 물속에서의 움직임을 조사해야 바다표범의 생활을 이해할 수 있다고 생각했고, 이 생각이 곧 강한 동기가 되어 기록계 개발을 촉진했다.

나이토가 개발한 기록계를 통해 암컷 북방코끼리물범이 수유기 이후 두 달 반 동안 먹이 사냥을 떠나서 평균 20분에 달하는 잠수를 계속 되풀이한다는 것을 알게 되었다. 우리 인간은 관찰할 수 있는 땅과 얼음 위의 모습이 바다표범의 모든 것이라고 착각한다. 하지만 바다표범은 대부분의 시간을 물속에서 보내고 있으며, 물속에서의 움직임을 알아야 바다표범의 생활을 이해할 수 있다.

 ## 점점 경신되는 최고 기록

쿠이먼은 1966년 논문에서 웨들바다표범의 최장 잠수 시간이 43분 20초, 최대 잠수 깊이가 600m라고 보고하며, 이 기록이 바다표범의 생리적 한계일 것이라고 보았다. 하지만 현재 웨들바다표범의 최장 잠수 시간은 67분(일부 서양 학계 자료에는 82분이라고 되어 있다.), 최대 잠수 깊이는 741m까지 경신되었다. 조류의 경우에는 1971년에 황제펭귄이 최장 18분, 최대 265m를 잠수했다고 보고되었다. 하지만 현재는 각각 27분 36초와 564m로 경신되었다.

기록이 경신되는 이유로는 세 가지 정도가 추정된다.

우선, 장치를 부착한 개체 수가 늘었다는 점을 들 수 있다. 처음으로 그 종에 기록계를 부착했을 때, 최초 기록은 최고 기록이 된다. 하지만 개체 수가 1에서 10, 10에서 100으로 늘어나면, 당연히 기록은 바뀐다.

또 한 가지 이유는 기록 장치의 소형화이다. 처음으로 황제펭귄에게 단 심도 기록계는 700g이었다. 체중 20~30kg인 황제펭귄에게 몸무게의 2.3~3.5%나 되는 장치는, 허용 범위를 벗어나지는 않지만 헤엄치는 데는 분명 장애가 되었을 것이다. 2011년 당시 황제펭귄의 최장 잠수 시간은 27분 36초였다. 이 기록은 내가 관찰해 보고한 것인데, 그때 황제펭귄에게 단 장치는 73g이었다. 장치가 가벼워진 덕에 부담은 분명 줄어들었을 테고, 이런 이유로 최대 기록이 경신되었을 수도 있다.

장치 자체의 소형화와 더불어 장착 방법의 개량도 중요하다. 초기에는 장치가 동물 몸에 비해 상대적으로 컸기 때문에 장착용 조끼를 입히거나, 벨트로 몸에 감아서 사용했다. 그런데 장치의 크기가 점점 작아지자 에폭시 접착제나 순간접착제로 동물의 체모와 깃털에 붙였다. 그 후 조류를 실험할 때는 독일제 방수 테이프로 기록계를 깃털에 묶는 방법이 고안되었다. 앞으로 장치는 더 작아질 것이고 그 소형화된 장치를 어떻게 동물에게 부담을 덜 주면서 부착하느냐에 따라 최고 기록은 바뀔 것이다.

 '바이오 로깅'의 시작

해를 거듭해 데이터가 모일수록 최고 기록은 경신되지만 최초의 기록은 영원히 남는다. 축구를 예로 들어 보자. 오랜 세월 동안 일본 축구계의 빛나는 금자탑은 1968년 멕시코 올림픽에서 거둔 동메달이었다. 하지만 일본 여자 축구 팀이 2011년 독일 여자 월드컵에서 우승하면서 새로운 금자탑을 쌓았다. 앞으로 어린이들 사이에서 축구의 인기가 지속된다면, 언젠가 남자 대표 팀도 월드컵에서 우승할

바다 동물은 왜 느림보가 되었을까?

가능성이 있고 개인 기록 부문에서 일본인 득점 왕이 나올 수도 있다. 하지만 미래에 아무리 훌륭한 스트라이커가 나온다고 해도, 일본이 참가한 역대 월드컵에서 첫 득점을 올린 선수가 나카야마 마사시라는 기록은 변하지 않는다.

동물에게 소형 기록계를 달아 자연환경 속에서 생태를 연구하기 시작한 사람은 미국인 쿠이먼이다. 현재 그 방법은 '바이오 로깅'이라 불리며, 2003년부터 2~3년마다 국제 심포지엄이 개최된다. 그 첫 심포지엄이 열린 국가가 바로 일본이다. 이 심포지엄이 일본에서 열린 데에는 나이토 야스히코 교수를 비롯한 일본인 연구 팀의 공이 컸다. 연구 팀은 장치를 더욱 작게 제작할 수 있도록 노력을 기울였고 깊이와 온도 외에도 새로운 매개 변수(두 개 이상의 변수 사이에 함수 관계를 정하기 위해 사용하는 보조 변수)를 측정할 수 있는 기능을 계속 개발하며 이 분야를 이끌어 왔다. 바이오 로깅이라는 명칭도 그때 고안되었다.

 동물의 눈으로 '관찰'하기

동물의 몸에 소형 기록계를 달아서 잠수 행동을 조사하는 바이오 로깅은 보이지 않는 세계를 보고 싶다는 호기심에서 탄생했다. 시계열 데이터에 나타나는 잠수 행동은 잠수 생리학자들의 호기심을 자극했고, 그 결과 잠수 생리학 분야에 큰 진전이 있었다.

한편, 동물들이 잠수한 뒤 어떤 종류의 먹이를 어떻게 잡는지도 궁금했다.

수생동물의 움직임을 직접 관찰할 수 없어서 소형 기록계를 부착하는 바이오 로깅이 나왔지만, 누구나 동물의 모습을 직접 보길 원했다. 이런 바람에서 소형 정지 화상 기록계 또는 비디오카메라를 수생동물과 나는 새에게 달아, 그들과 같은 눈높이에서 주변을 돌아보는 실험이 시작되었다. 연구 대상인 동물의 눈높이에서 그들의 서식 환경을 바라보면, 다방면에서 사람의 예상과 어긋나는 상황이 눈에 들어온다. 동물 카메라로 얻은 연구 성과에 대해서는 2장에서 소개하겠다.

🐧 백견이 불여일문?

'백문이 불여일견'이라는 말이 있다. '다른 사람에게 몇 번씩 듣는 것보다 실제 자신의 눈으로 보는 것이 확실하며 잘 이해가 간다.'라는 뜻으로, 간접적으로 얻는 정보보다는 스스로 직접 얻는 정보의 중요성을 지적하는 말이다. 글자 그대로만 놓고 보면 '본다'라는 시각 정보를 '듣는다'라는 청각 정보보다 우위에 두고 있는데, 이것은 어디까지나 육상동물인 인간이 생각해 낸 말이다. 만약 수생동물, 예를 들어 돌고래가 이런 식으로 말을 만든다면 '백견이 불여일문'이 될 것이다.

돌고래는 겉모습에 속는 사람들을 바보라고 여길지도 모른다. 우리는 보기 좋은 음식을 맛있다고 느끼며 화장이나 인조 속눈썹, 또는 푸시 업 브래지어를 한 여성에게 매력을 느낀다. 남자도 키 높이 구두나 가발 등 온갖 수단을 동원해 외모를 보기 좋게 꾸미려고 노력한다. 하지만 돌고래의 세계에서는 이렇게 겉모습을 속이려는 수법은 통하지 않는다. 돌고래는 음파를 발사해 물체에서 오는 반사파를 듣고 물체까지의 거리와 방향, 물체의 두께, 재질을 파악한다. 신체 치수나 피하 지방층의 두께까지 꿰뚫어 보는 것이다.

앞이 보이지 않는 물속에서 사는 동물이 시각이 아닌 청각에 의존하는 것은 당연하다. 그런 환경에 놓인 동물들을 이해하기 위해서는 음향을 이용하는 방법이 매우 효과적이다. 3장에서는 음향으로 밝혀낸 돌고래의 생활 모습을 소개한다.

 뜻밖의 발견

겉핥기 수준이던 바닷속 연구는 바이오 로깅과 음향이라는 새로운 수단을 손에 넣은 이후에 대형 동물로 대상을 넓히게 되었다. 그전까지의 연구 방법은 구두를 신은 채 발을 긁는 것처럼 뭔가 시원스럽지 못하고 성에 차지 않았다. 그런데 관찰을 중심으로 이루어지는 바이오 로깅과 음향 연구를 통해 동물에 대해 더 많은 지식을 얻게 되었으며 때때로 원래 목표로 삼았던 연구 외에 예상도 못한 발

견을 이루기도 한다.

예컨대, 바이오 로깅을 통해 얻을 수 있는 매개 변수로 가속도가 있다. 사람이 직접 관찰할 수 없는 동물의 움직임을 가속도 센서로 파악하고 1초에 수십 개나 되는 데이터로 자세히 기록한다. 이 가속도 기록으로 펭귄이나 바다표범이 얼마나 열심히 날개와 지느러미를 움직이며 헤엄치는지 알 수 있다. 하지만 '움직이지 않는 경우'도 있다는 것을 깨닫게 된 것은 '뜻밖의 발견'이었다.

동물의 행동을 관찰해 보면 실로 다양하게 움직인다는 것을 알게 된다. 그 움직임을 모두 기록하는 것은 불가능하다. 비디오로 촬영하면 영상 기록은 남길 수 있지만, 움직임을 수치화해서 분석하기 위해서는 연구자마다 어떤 착안점을 가져야 한다. 결과적으로 관찰을 통한 행동 연구에서는 연구자가 사전에 목표한 행동만 수치화하고 그 외의 부분은 기록하지 않게 된다.

반면에 바이오 로깅에서는 장치가 계속 기록을 한다. 그 결과, 관찰하고 싶었던 것과 애초에 관심 밖에 두었던 사항 모두가 뭉뚱그려져 기록된다. 동물은 항상 헤엄치고 잠수하지는 않았다. 또 헤엄치고 있을 때에도 항상 온 힘을 다하지는 않는다는 사실이 눈에 들어왔다. 이에 대해서는 4장에서 소개하도록 하겠다.

또한, 충분한 관찰이 이루어지고 있는 육상동물에게도 바이오 로깅은 유효했다. 육상동물의 몸에 데이터 로거(data logger, 데이터를 자동으로 기록하고 축적하는 장치)를 달아서 뜻밖의 결과를 얻었다. 그리고 그 결과를 반추하다 보니, 각자 다른 환경에 살고 있는 수중 동물과 육상동물이 공통적으로 지닌 야생동물의 상이 보였다. 5장에서는 세상 사람들이 품고 있는 이미지와는 조금 다른 야생동물의 모습을 소개하고 싶다.

2장
남에게 의존하는
바닷새

까나리도
직접 보고 싶다!

쑤욱

동물은 왜 잠수할까

바이오 로깅으로 바다표범, 펭귄 같은 동물이 우리 예상보다 더 깊게, 긴 시간 동안 잠수한다는 것을 알았다. 한 번 깊은 곳으로 들어가 오래 잠수하는 것이 아니라, 수십 번 넘게 되풀이해 잠수하는 능력을 가지고 있었다. 극단적인 예로 앞서 1장에서 소개한 암컷 북방코끼리물범을 들 수 있다.그림 2.1 북방코끼리물범은 바다에서 지내는 2개월 반 동안 밤낮없이 평균 시간 20분, 깊이 500m에 달하는 잠수를 되풀이한다. 잠수와 잠수 사이에는 겨우 3분 30초 정도 잠을 잘 뿐이다. 잠수를 마치고 모래사장으로 돌아온 북방코끼리물범이 잠수 전보다 체중이 증가한 것으로 보아 바다에서 먹이를 잡는 것은 확실하다. 따라서 잠수를 되풀이하는 주요 목적이 먹이 사냥인 것은 틀림없다.

하지만 무엇을 잡아먹는지, 한 번 잠수해서 몇 번 정도 먹잇감과 마주치는지 구체적으로 어떻게 먹이를 포획하는지 또는 먹이 사냥 이외의 잠수 목적은 없는지 등등 궁금한 점이 많다. 육상동물을 대

그림 2.1 장치를 단 북방코끼리물범과 나이토 야스히코 박사. 1980년대 중반 촬영.

상으로 한 연구는 관찰이 가능하므로 높은 수준에 도달해 있다. 이에 비해 잠수 깊이 기록만으로 먹이 사냥 생태를 조사하는 수생동물 연구는 미미한 수준이다.

 왜 그렇게 깊이 잠수할까

동물이 얼마나 합리적으로 먹이를 잡는지 이해하기 위해서는 주변의 먹이 분포에 관한 정보가 꼭 필요하다. 프리슈에게 노벨상의 영광을 안겨 준 벌의 8자 춤은 놀랍게도 동료 벌들에게 벌집 주변에 있는 꿀의 분포를 알려 주는 기능을 했다.

수생동물을 대상으로 바이오 로깅 연구를 시작할 때부터 품고 있던 의문이 하나 있다. 왜 바다표범이나 펭귄은 태양광이 닿는 유광층(바다에서 식물이 광합성을 해서 자랄 수 있는 한계 범위)보다 깊은 곳으로 잠수하는 것일까.

남극은 기온이 낮아서 표층수가 식는다. 차가워져서 밀도가 커진 바닷물은 밑으로 가라앉는다. 그리고 이를 보충하듯 깊은 곳에서 표층으로 바닷물이 운반된다. 영양 염류가 많이 포함된 바닷물이 밑에서 올라와 태양광을 받으면 식물 플랑크톤이 크게 증식한다. 이렇게 되면 식물 플랑크톤을 먹이로 삼는 크릴새우와 물고기를 노리는 바다표범, 펭귄 등이 당연히 200m 내의 유광층으로 몰릴 것이라고 생각했다. 그런데 바이오 로깅으로 조사해 보니 바다표범과 펭귄은 200m보다 훨씬 깊게 잠수했다. 그곳에 먹이가 되는 생물이 대량으로 존재할 테지만, 어떤 생물이 어느 정도 있는지 알 수 없었다.

관측선을 이용해 조사하려 해도, 남극 바다는 두꺼운 얼음으로 덮여 있기 때문에 그물을 사용한 조사는커녕 앞으로 나아가는 것도 힘들었다. 이런 사정으로 현장에서 먹이 사냥을 하는 동물 자신을 통해 주변의 먹이 분포 정보를 알아보려는 시도가 이루어졌다. 동물에게 심도 기록계와 소형 카메라를 달고 그들의 눈높이에서 화상을 찍고자 한 것이다.

그림 2.2 등에 카메라를 단 웨들바다표범

 동물 카메라

1990년대 초, 미국과 영국, 일본 연구 팀은 서로 경쟁하듯 동물 카메라 연구에 몰두했다. 일본 팀의 일원이었던 나(사토 가쓰후미)는 1998년부터 2000년에 걸쳐 남극의 쇼와 기지에서 웨들바다표범을 대상으로 카메라 실험을 실시했다.그림 2.2 세계 최초로 웨들바다표범의 영상을 얻은 사람은 미국 텍사스 A&M 대학의 랜디 데이비스였지만, 우리도 1년 후인 1999년에 성공을 거두었다. 그리고 쇼와 기지에서 귀국한 2000년 가을에는 미국의 맥머도 기지로 자리를 옮겨

바다 동물은 왜 느림보가 되었을까?

그림 2.3

(왼쪽) 웨들바다표범 등에 단 정지 화상 기록계에 314m 깊이에서 물고기로 보이는 먹이(화살표)를 포획하는 장면이 촬영되었다.(사토 가쓰후미 외, 2002)

(오른쪽) 웨들바다표범 등에 단 정지 화상 기록계에서 얻은 화상. 왼쪽 아래의 하얀 물체는 카메라 앞에 위치한 행동 기록계. 나머지 푸른 바탕에 먹이 생물로 보이는 물체가 하얗게 비친다.(와타나베 유키 외, 2003)

미국 팀과 공동으로 연구를 진행했다.

데이비스 일행은 웨들바다표범의 몸에 비디오카메라를 달아서 그들의 사냥 방법을 파악했다. 웨들바다표범은 얼음 아래 움푹한 곳에 공기를 내뿜어서 그곳에 숨어 있는 물고기를 몰아내 잡아먹는 고등 기술을 구사하고 있었다.

일본 연구 팀은 30초마다 플래시가 작동되어 정지 화상을 촬영하는 카메라를 준비했다. 그리고 깊은 잠수를 되풀이하는 웨들바다표범이 300m 부근에서 작은 물고기를 잡는 장면을 촬영하는 데 성공했다.그림 2.3 그리고 알갱이 모양 물체의 수나 화면을 차지하는 투영 면적(물체에 평행 광선을 쏘았을 때 뒤쪽 평면에 생기는 그림자 면적)을 토대로 먹이 분포의 지표를 산출하고 깊이에 따른 먹이 분포 밀도를 추

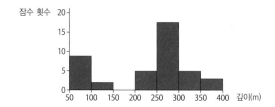

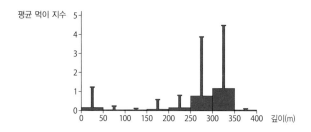

그림 2.4 웨들바다표범의 깊이에 따른 잠수 횟수와 먹이 지수 분포의 관계. 깊이 250m를 넘으면 먹이 지수가 커진다.(와타나베 유키 외, 2003)

정했다. 사람들의 예측과는 달리 표층 부근의 먹이 분포 밀도는 낮고 250m보다 깊은 곳의 먹이 분포 밀도는 높았다.그림 2.4 이론적으로는 태양광이 미치는 얕은 곳에 먹이 생물이 많아야 하지만 실상은 그렇지 않았다. 바다표범은 먹이 생물이 분포하는 실태에 맞춰 먹이가 많은 곳으로 빈번하게 잠수를 되풀이했던 것이다.

뜻밖의 전개

웨들바다표범 몸에 직접 카메라를 다는 실험으로 이 동물이 어떻게 먹이를 잡는지 알게 되었다. 또한 예상치 못한 방향으로도 연구에 진전이 있었다. 바다표범은 200m가 넘는 곳까지 몇 번이나 되풀이해 잠수한다. 하루 총 잠수 시간은 24시간 중 수십 퍼센트를 차지한다. 긴 시간 잠수하는 현상은 그만큼 열심히 먹이를 잡는 거라고 이해할 수 있다. 그런데 한 가지 이상한 점은, 먹이가 많지 않은 50m 이하로도 자주 잠수한다는 것이다. 때로는 이렇게 얕은 곳으로 잠수하는 시간이 하루 60%에 달하는 때도 있었다. 카메라를 봐도 먹이가 될 만한 생물은 아무것도 없고, 그저 시퍼런 바다 또는 가끔 하얀 얼음이 보일 뿐이다.

여기에는 먹이 사냥 이외의 목적이 있다고 볼 수 있다. 카메라를 부착한 대상은 수유 중인 암컷 웨들바다표범이었다. 관찰 대상인 바다표범은 모두 젖먹이 새끼를 한 마리씩 데리고 있었다. 수유기 초기에는 얼음 위에서 어미를 기다리던 새끼가 생후 2주를 넘길 무렵부터는 물에 들어간다. 새끼에게서 얻은 심도 시계열 데이터를 어미의 데이터와 겹쳐 보니 완벽하게 형태가 일치했다. 그래서 그때까지 전방을 향해 있던 카메라로 뒤쪽을 찍도록 조작했더니, 어미 바다표범 바로 뒤에 붙어 헤엄치는 새끼의 영상을 얻을 수 있었다.^{그림 2.5}

웨들바다표범 새끼는 수유 기간인 50일이 지나면 독립한다. 그러므로 이 짧은 수유 기간에 수영과 잠수 능력을 급속하게 향상해

그림 2.5 생후 23일 된 수컷 웨들바다표범(사토 가쓰후미 외, 2003)

먹이 사냥을 배워야 한다. 어미 바다표범은 미숙한 새끼에게 젖을 먹여 키울 뿐만 아니라 함께 얕은 곳에서 헤엄을 치며 새끼의 능력이 향상되도록 이끈다.

어머니들은 대부분 열심히 아이를 가르친다. 바다표범의 경우에도 같은 일을 할 가능성은 얼마든지 있다. 지금까지 바이오 로깅을 통한 수생동물의 행동 연구는 개체가 얼마나 효율적으로 먹이를 잡는가 하는 것이 주요 연구 테마였다. 동물 몸에 카메라를 단 덕분에 먹이 채집 생태 연구는 크게 전진했지만 그 외에도 연구할 만한 과제가 많이 남아 있다.

다른 새에게 붙어서 나는 갈색얼가니새

그 후 카메라는 소형화되었고 지금은 새에게도 달고 있다. 인터넷에서 검색하면 초소형 비디오카메라를 구입할 수 있다. 물놀이용으로 출시된 제품 중에는 깊이 수 미터 물속에서 방수가 될 뿐 아니라 수압에도 견딜 수 있는 케이스에 담긴 것도 많다. 나고야 대학의 요다 겐 교수는 그런 기능을 가진 카메라를 갈색얼가니새에게 달아서 재미있는 발견을 했다.그림 2.6

실험은 2010년에 오키나와 현 이리오모테 섬 남서쪽 15km 앞바다에 떠 있는 무인도 나카노카미 섬에서 이루어졌다. 갈색얼가니새는 한 번에 알을 두 개씩 낳는데, 먼저 부화한 새끼는 두 번째 새끼가 부화하면 쿡쿡 쪼아서 둥지 바깥으로 몰아낸다. 부모 새는 처음 부화한 한 마리만 키우므로 두 번째 새끼는 죽고 만다. 요다 교수 일행은 둥지에서 쫓겨난 새를 주워 부모 대신 키웠다. 갈색얼가니새는 100일 정도 지나면 둥지를 떠나는데, 그 뒤로도 잠시 어미에게 먹이를 얻는 '뒷바라지 기간'이 있다. 요다 교수 팀은 이 기간에 접어든 새끼 새에게 비디오카메라를 달았다. 새는 아침 일찍 바다에 나가 혼자서 먹이를 잡은 뒤 저녁에 다시 둥지에 돌아오므로 간단하게 카메라를 회수할 수 있다.

미숙한 새끼는 혼자서 날기보다는 종이 같은 다른 개체를 뒤쫓아 나는 일이 많은데 대부분 또래 새보다는 어른 새의 뒤를 쫓았다. 바다표범의 경우에 새끼는 어미를 따라 헤엄치지만, 갈색얼가니새

그림 2.6
(위) 등에 비디오카메라를 단 갈색얼가니새
(아래) 갈색얼가니새 등에 단 카메라가 촬영한 영상(요다 겐 외, 2011)

는 다른 어른 새를 뒤쫓아 난다. 자기와 똑같이 미숙하고 어린 새가 아니라 어른 새를 쫓아가는 것은 꽤 약삭빠른 행동이다. 카메라를 단 새끼 새는 같은 종인 갈색얼가니새나 다른 바닷새를 발견하고서 해수면에서 쉬거나 먹이를 잡기 위해 공중에서 물속으로 날아 들어가곤 했다.그림 2.6 넓은 바다에서 먹이를 찾는 것은 분명 어려운 일일 것이다. 그럴 때 어린 갈색얼가니새는 다른 바닷새들이 있는 장소를 기준으로 삼고 있었다.

범고래가 흘린 먹이를 먹는 앨버트로스

새끼를 키우는 앨버트로스에게 정지 화상 카메라를 달아서 실시한 연구에서는 의외의 먹이 사냥법을 발견했다. 일본극지연구소 소속의 다카하시 아키노리와 홋카이도 대학의 사카모토 겐타로는 2009년 1월, 남대서양의 사우스조지아에 있는 버드 섬에서 새끼를 키우는 검은눈썹앨버트로스에게 정지 화상 카메라를 달았다. 바다로 며칠간 사냥을 떠난 어미 새는 먹이를 잡은 뒤 새끼에게 주기 위해 둥지로 돌아온다. 연구 팀은 둥지에 있는 어미새를 다시 포획해서 카메라를 회수했다.

바다를 나는 동안 촬영된 영상에는 그저 파란 해수면이 비칠 뿐이었는데, 다른 영상에서는 범고래가 한 마리 발견되었다.그림 2.7 그 화면에는 앨버트로스 세 마리도 함께 찍혔다. 그러니까 카메라를 부

그림 2.7
(위) 바다 위를 활공하는 검은눈썹앨버트로스. 카메라를 부착한 개체는 아니다.
(아래) 검은눈썹앨버트로스 몸에 단 카메라로 촬영한 영상(사카모토 겐타로 외, 2009)

착한 개체를 포함해서 적어도 네 마리가 범고래를 쫓아 날고 있었단
얘기다. 앨버트로스들은 30분 넘게 범고래를 쫓은 뒤에 해수면에 내
려앉았다.

검은눈썹앨버트로스의 먹이를 알아보기 위해서는 둥지에 돌아
온 새를 잡아 토하게 한 뒤 내용물을 조사한다. 이런 과정을 통해 검
은눈썹앨버트로스의 먹이가 오징어, 생선, 크릴새우 등이라는 것을
알고 있었다. 그런데 이상하게도 내용물 속에는 바다 깊은 곳에 살
고 있는 어종도 빈번하게 섞여 있었다. 검은눈썹앨버트로스는 다른
앨버트로스 종과 마찬가지로 장거리를 나는 데 특화된 가늘고 긴 날
개를 가지고 있다. 이런 체형은 잠수에 적합하지 않다. 사카모토 일
행이 관찰한 데이터에도 최대 4.1m, 최장 11초 동안 잠수한 기록이
남아 있을 뿐이다. 잠수 능력이 그 정도밖에 안 되는 앨버트로스가
어떻게 깊은 곳에 사는 어종을 먹었는지 의문이었는데, 영상을 보고
나서 '범고래가 흘린 것'들을 먹었다는 걸 알게 되었다. 다른 영상에
는 어선으로 추정되는 배도 찍혀 있었다. 앨버트로스는 범고래나 어
선에 의존해 먹이를 사냥하고 있었던 것이다.

 고등어나 어부를 이용하는 슴새

내 연구실에서도 새에게 비디오카메라를 달아서 실험을 계속해
왔다. 슴새는 체중이 600g 안팎인 바닷새이다. 바이오 로깅 연구자

그림 2.8 슴새의 배에 단 비디오카메라

들은 부착 가능한 장치 크기가 체중의 3~5%까지라고 여기고 있다. 600g의 3~5%라면 18~30g이다. 시중에서 판매하고 있는 초소형 비디오카메라가 대체로 이 정도 크기이다. 우리 연구소 팀은 이 카메라를 분해해서 기판, 렌즈, 배터리 등 꼭 필요한 부품만을 추려 내어 특별 주문한 플라스틱 케이스에 넣었다.그림 2.8 슴새는 새벽에 번식 둥지가 있는 섬을 출발해 바다에서 먹이를 잡는다. 먹이를 잡기 시작하는 것은 빨라도 몇 시간 뒤이므로 촬영이 시작되는 시간을 늦출 필요가 있다. 우리는 장치를 제작한 리틀 레오나르도 사에 부탁해서 촬영 시각을 늦추는 타이머를 만들었다. 그리고 타이머를 카메라에 장착해 플라스틱 케이스에 넣은 뒤 새에게 달았다.

　영상을 보면, 슴새는 종이 같은 다른 개체가 수면에 있으면 자기도 그곳에 사뿐히 내려앉는다. 즉, 슴새와 갈색얼가니새 모두 다른 새가 먹이를 잡는 곳에 가세한다. 인간 사회에도 줄이 생기면 덩달아 줄부터 서고 보는 사람들이나 할인 판매로 북새통인 곳에서 자기도 모르게 물건을 사는 사람이 있다. 인간의 그런 모습은 종종 우스워 보이기도 한다. 그런데 야생동물도 비슷한 행동을 하는 것을 보면, 그 행위에는 살아가는 데 필요한 어떤 합리성이 잠재되어 있을지도 모른다.

해수면에 사뿐히 내려앉은 슴새가 머리를 물속에 넣고 얕게 잠수하는 곳에는 대부분 고등어, 방어처럼 물고기를 잡아먹는 대형 어류가 있다.^{그림 2.9}

일본에서는 지방에 따라서 슴새를 '다랑어새' '고등어새'라고 부르기도 한다. 이것은 다랑어와 방어를 잡는 어부들이 주로 쓰던 명칭이다. 어부는 새들이 모여 있는 곳 아래에 목표물인 큰 물고기가 있다는 것을 경험을 통해 알고 있다. 우리 연구자들은 슴새에게 소형 비디오를 달아서 얻은 영상 데이터로 그것을 검증한 셈이다.

우리가 슴새를 조사하는 이와테 현 연안 해역에서는 대규모 정치망 어업이 활발히 이루어진다. 정치망에 잡힌 바다거북이나 개복치를 얻기 위해 우리는 가끔 정치망 어선에 올라타기도 한다. 물고기를 거둬들이려고 자루그물을 끌어 올리면 괭이갈매기나 큰재갈매기 같은 바닷새가 다가와 어선에서 내버리는 작은 물고기를 채어 간다. 바닷새 입장에서는 서투른 잠수를 하지 않고서도 물고기를 먹을 수 있으니 정말 손쉬운 사냥일 것이다.

이전에 섬에서 포획한 슴새의 위에서 나온 내용물을 조사했을

그림 2.9 슴새 카메라로 얻은 방어의 영상(2011)

때 얼핏 봐서는 종을 알 수 없는 고기 조각이 나왔다. DNA 분석 결과, 그 고깃점은 개복치로 판명되었다. 이와테 현 연안에서는 정치망 어업으로 6월부터 11월에 걸쳐 개복치를 잡는다. 포획한 개복치는 어선 위에서 해체해 근육 이외의 껍질과 뼈는 바다로 버린다. 슴새는 그것들을 받아먹었고, 덕분에 잡은 적도 없는 개복치 고기 조각이 위에서 발견된 것이다.

쓰나미를 딛고서

2011년 3월 11일에 일본 동북 지방에 대지진이 일어났다. 이와테 현 연안은 지진과 그로 인한 쓰나미로 막대한 피해를 입었다. 쓰나미가 덮친 뒤 한 달이 채 지나지 않은 4월 7일, 나는 대학원생과 함께 야마다 마을 후나코시 만 어항을 방문했다. 예전에 후나코시 만의 무인도에서 슴새 연구를 할 때면 항상 그 항구에서 배를 타고 섬으로 건너갔었다. 모습이 완전히 변해 버린 항구에서 어부 아베 씨와 다시 만났다. 우리는 서로 별 탈 없이 살아남은 것을 기뻐했다. 다행히 아베 씨의 집은 쓰나미를 피했다고 한다. 하지만 어선을 비롯해 많은 어구를 잃었고 다시 고기를 잡으러 나갈 엄두를 내지 못하고 있었다. 실의에 잠겨도 이상하지 않을 상황에서 아베 씨는 조금 들뜬 얼굴로 "이쪽이요, 이쪽." 하며 우리를 안내했다. 그는 큰 배는 잃었지만 작은 배는 돌 더미 사이에서 발견했다며, 9월까지는 수리를 마치고 새를 조사하러 나갈 수 있다고 말했다. 그해에는 조사를 단념하고 있던 터라 처음에는 당황스러웠지만 열의를 보이는 아베 씨에게 할 수 없다는 답을 줄 수 없었다. 섬에 가 보니 일부가 파도에 쓸리기는 했어도 슴새 번식지는 무사했다. 그리하여 2011년 9월에도 예년대로 조사를 하고 쓰나미가 덮친 해의 데이터를 얻을 수 있었다.

기와와 자갈 더미 사이에서 발견한 어선

슴새가 둥지로 삼은 굴을 들여다보는 대학원생

탐색해서 먹이를 잡는 가마우지

스코틀랜드의 메이 섬에는 가마우지가 번식하고 있다. 이 새는 섬 주위 암초 지대에 있는 둥지에서 날아올라 섬 주변 또는 최대 20분 정도 떨어진 곳에서 먹이를 잡는다. 앞서 말한 앨버트로스나 슴새와 달리, 가마우지는 10~40m 정도 깊이까지 잠수해 먹이를 잡는다. 물에 들어갈 때는 날개를 접고 두 발로 물을 가르며 헤엄친다. 바다 밑이 암석 지대인 경우에는 수평 방향으로 헤엄쳐 먹이를 쫓는다.

정지 화상 카메라를 달아서 살펴보니 가마우지는 암석 지대에서 주로 베도라치(몸길이가 20cm 정도 되는 길고 납작한 물고기)를 잡았다.그림 2.10 가마우지는 현지 연구자가 30년 이상 야외 조사를 진행한 새이다. 바이오 로깅을 적용하기 훨씬 전부터 관찰한 동물이라서 데이터 로거를 제외한 모든 방법을 동원했다고 해도 과언이 아닐 정도로 많은 조사가 이루어졌다. 한 예로, 둥지로 돌아온 가마우지를 잡아서 위 속 내용물을 채집했더니 까나리가 주된 먹이였다. 까나리는 베도라치와 달리 모래로 이루어진 해저 부근에 살며 모래 속에 가느다란 몸을 파묻고 여름잠을 자는 습성이 있다. 우리는 카메라를 사용해서 가마우지가 까나리를 어떻게 잡는지 알아냈다.

가마우지는 모래에 숨어서 보이지 않는 까나리를 부리로 탐색했다.그림 2.11 마치 썰물 때 사람이 발이나 손을 모래 속에 넣어 바지락을 찾는 것과 같은 방법이다. 카메라에는 장치를 등에 단 개체 외에도

그림 2.10
(위) 등에 카메라를 단 가마우지
(아래) 베도라치를 잡은 가마우지(2005년 촬영)

그림 2.11 바다 밑 모래땅에 부리를 처박고 먹이를 잡는 가마우지

다른 가마우지가 여럿 찍혔다. 암석 지대에서 베도라치를 쫓을 때에는 카메라를 부착한 가마우지 외에 다른 개체가 찍히지 않았는데, 이때와는 달리 모래땅에서는 여러 동료들과 함께 먹이를 잡는 것 같았다. 앞으로는 여러 개체가 함께 사냥감을 찾으면 먹이를 발견할 확률이 높아지는지 조사해 보고 싶다.

바다 동물은 왜 느림보가 되었을까?

🫧 '보이지 않아서' 보이는 것

카메라를 사용한 바이오 로깅으로 여러 연구 결과를 얻었지만, 매번 성공을 거둔 것은 아니고 당연히 실패도 많았다.

인도의 갠지스 강에는 가비알이라는 악어가 살고 있다. 개체 수가 수백 마리까지 감소했기 때문에 인도 정부는 보호할 목적으로 조사를 진행하고 있다. 나는 지난 2009년에 인도 WWF(World Wide Fund for Nature, 세계자연기금)와의 공동 연구를 위해 갠지스 강을 방문했다. 가비알의 머리와 등에 깊이와 가속도 등 동물의 움직임을 측정할 수 있는 장치와 소형 카메라를 달았다.그림 2.12 ①② 가비알의 시점에서 서식 환경을 촬영하고 싶었다. 보호를 목적으로 생태가 거의 알려져 있지 않은 절멸 위기 종을 조사할 경우에는 그 동물의 생활 환경에 대한 지식이 중요하다. 강의 물살이 느려지는 습지에서 지내는지 아니면 얕은 곳에 있는지, 강기슭에 오를 때는 어떤 장소를 좋아하는지 등 개체 주변의 세세한 환경에 대해서 영상으로 기록하고 조사해 보고자 했다.

우여곡절 끝에 간신히 장치를 회수해서 데이터를 내려받아 빠르게 돌려 보았다. 하지만 결과는 실망스러웠다. 수면 부근에서는 겨우 20cm 앞까지만 찍혀 있을 뿐, 가비알이 50cm만 잠수해도 완전히 캄캄해서 아무것도 보이지 않았다.그림 2.12 ③ 강기슭에서 봐도 갠지스 강은 워낙 탁하니까 납득이 가는 한편, '가비알 몸에 카메라를 달아서 찍어도 상황은 마찬가지'인 것을 알았다. 갠지스 강은 극단적

그림 2.12
① 가비알 머리에 행동 기록계를 달았다.
② 행동 기록계를 달고 갠지스 강을 헤엄치는 모습.
③ 등에 단 카메라로 촬영한 영상. 20cm 정도 앞에 있는 작은 물고기가 간신히 확인된다.
④ 인도 가비알의 입은 매우 가늘다.

인 예일지도 모르지만, 아무리 투명도가 높은 곳이라도 물속에서 앞이 보이는 것은 기껏해야 수십 미터이다. 육상에서는 몇 킬로미터 앞에 있는 사냥감이 보이고 하늘을 쳐다보면 아득히 먼 곳의 구름이나 태양, 별이 눈에 들어온다. 육상동물은 구름의 모습에서 날씨 변화를 예측하고, 나아갈 방향을 정할 때 태양이나 별의 위치를 이용한다. 육상동물은 일상생활에서 시각에 크게 의지하고 있을지도 모르지만, 시야가 멀리까지 닿지 않는 수생동물은 그렇지 않다.

'탁한 갠지스 강 안에서는 시각을 발휘할 수 없다.'라는 것을 의식하며 가비알의 모습을 지켜보는 동안, 한 가지 가설이 떠올랐다. 가비알은 악어의 일종이지만 일반적으로 생각하는 악어와는 생김새가 꽤 다르고 입이 매우 가늘다.그림 2.12 ④ 잘 살펴보면 다문 입 밖으로 이빨이 가시 모양으로 나와 있어서 형태가 마치 도깨비방망이 같다. 가비알은 이 주둥이를 물속에서 휘둘러 물고기를 때리듯이 잡는 것은 아닐까. 앞이 보이지 않는 물속에서 가만히 기다리고 있다가 주둥이에 뭔가 닿은 순간에 격렬하게 휘둘러서 먹이를 잡을지 모른다. 이 가설에 대한 검증이 미래의 과제로 남았다.

 동물의 시선으로 보고 얻은 것

동물에게 장치를 달아 그들의 시선으로 행동과 수중 환경을 조사하기 시작한 지 20년이 지났다. 그 조사 결과 중에는 예상치 못했던 발견이 많다. 동물의 생태 연구 과정은 우선 무엇을 밝힐 것인지 목표를 세우고 나서 이를 달성하기 위해 수단을 선택하고 야외 조사와 실험을 진행하는 것이 일반적이다. 그런데 연구를 시작한 뒤에 원래 세웠던 목표가 아닌, 예상외의 결과를 얻는 일도 많다. 예상외의 결과가 흥미로우면 처음 목표한 것과는 다른 노선으로 연구가 발전하는 일도 있다.

노벨상을 받은 대발견 중에도 이런 유형이 많은 듯하다. 바이오 로깅 분야에서는 아직 노벨상을 받은 발견이 없었지만 예상외의 탈선은 언제나 있다. 밝히고자 했던 행동에 대해서는 아무것도 알아내지 못했는데 전혀 별개의 방향에서 뭔가를 발견하곤 한다. 처음에는 본의 아니게 생긴 그 결과를 자꾸 곱씹게 되는데, 그러는 동안에 실은 원래 목표보다 중요한 발견을 했다는 사실을 깨닫곤 한다.

바이오 로깅 방법 중 하나인 동물에게 소형 카메라를 다는 실험으로 우리는 직접 보지 못하는 세계를 관찰하게 되었다. 보이지 않던 세계를 볼 수 있다는 것은 좋은 일이다. 그런데 이 방법에는 더 큰 장점이 있다. 대상 동물을 직접 관찰할 경우에는 연구자마다 주목하는 분야가 따로 있다. 연구자는 조사하려는 행동이나 사건의 횟수를 기록한다. 연구 목표와 어긋나는 행동이나 사건은 눈에는 보여도 인상에 남지 않아서 결과적으로는 기록되지 않는다. 이렇게 사람의 눈은 예상보다 편향적이다. 그에 비해 동물 카메라는 연구자의 의도와 관계없이 눈앞에 펼쳐진 전경을 담담히 촬영한다. 기대한 영상은 좀처럼 얻을 수 없다. 하지만 예상치 못한 재미있는 영상을 얻는 경우가 많다. 동물 카메라를 사용한 바이오 로깅은 새로운 가설을 발견할 수 있는 조사 방법이다.

3장
훔쳐 듣는 돌고래

카메라가 만능은 아니야

2장에서 갠지스 강에 사는 가비알 악어에 대해 이야기했다. 가비알 악어에게 카메라를 달았는데 탁한 물속에서는 아무것도 보이지 않았다. 이 실험 결과로 가비알은 시각 이외의 감각을 사용해 먹이를 잡고 이동하고 생활한다고 추측해 볼 수 있었다. 가비알 악어처럼 시각에 의존하지 않는 동물에 대해 정보를 얻기 위해서는 그 동물이 사용하는 시각 이외의 감각을 조사해야 한다. 동물이 느끼는 세계는 동물마다 각각 다르다. 독일의 동물행동학자 야코프 폰 윅스퀼은 동물마다 다른 감각의 세계를 '환경 세계'umwelt라 불렀다. 앞서 1장에서 소개한 로렌츠, 틴베르헌, 프리슈는 이 개념을 밑바탕 삼아 동물행동학을 발전시켰다. 우리는 인간이 느끼는 세계 안에서만 동물을 이해하려 들지 말고 동물의 환경 세계를 이해해야 한다. '백문이 불여일견'인 동물 카메라가 모든 동물에게 다 통하는 것은 아니다. 가비알이 사는 갠지스 강에는 민물 돌고래인 갠지스강돌고래가 살고 있다.그림 3.1 가비알처럼 주둥이가 길쭉한데 눈이 상당히 퇴

그림 3.1 눈이 퇴화한 갠지스강돌고래

화해서 빛을 느끼는 정도의 감각밖에 없는 것 같다. 이 갠지스강돌
고래는 소리를 사용해서 주변의 환경을 '보고' 있다. 이렇게 소리를
사용해서 '보는' 능력을 에콜로케이션(echolocation, 반향 위치 결정법. '반
향 정위'라고도 한다.)이라고 하는데, 이 능력을 수중에서 진화시킨 돌
고래는 탁한 물이나 밤 또는 깊고 어두운 장소에서 주변을 조사하고
먹이를 얻을 수 있다.

　시각을 이용하는 동물은 아무 소리도 내지 않는다. 빛이 대상물
에 부딪혀 사방으로 산란되면 그중 일부를 눈으로 받아들여 정보를
얻는다. 그런데 에콜로케이션은 동물이 소리를 내고 그 소리가 대상
물에 닿아 되돌아오는 것을 들어서 정보를 얻는 방식이다. 이런 과

바다 동물은 왜 느림보가 되었을까?

정을 거치기 때문에 돌고래 옆에 있으면 이 동물이 지금 무엇을 관찰하고 있는지 들리기도 한다. 돌고래의 소리를 조사하면 돌고래가 무엇을 보는지 알 수 있다. 돌고래를 소리로 관찰하는 것은 '동물(돌고래)의 시선'으로 조사하는 일과 같다.

그 밖에도 수생동물은 다양한 소리를 내서 다른 개체와 의사소통한다. 이 장에서는 에콜로케이션을 하는 돌고래를 중심으로 동물들의 '시선'과 의사소통에 대해 소개하고자 한다.

 바다는 '소리의 세계'

소리는 눈에 보이지 않는다. 분명 휘파람새는 휘휘 소리를 내며 울고, 개는 멍멍 짖는다. 하지만 이렇게 글자로 쓰기만 해서는 소리의 높이와 길이를 다른 사람에게 전할 수 없다. 영어를 쓰는 사람은 개가 바우와우 짖는다 하고 일본에서도 옛날에는 개 짖는 소리를 비요비요라고 표현했다고 한다. 같은 소리를 다르게 표현하니 문제는 사람 쪽에 있는 것이다. 이래서야 소리를 연구하기가 쉽지 않다. 과학적인 연구를 위해서는 소리를 수치로 표현해 눈으로 볼 수 있게 만들어 놓아야 한다.

소리를 수치로 표현하는 방법 중 하나가 (사운드) 스펙트로그램spectrogram이다. 소나그램sonagram이라고도 한다. 가로축에 시간, 세로축에 주파수를 놓고 소리를 시각화한다. 소리의 세기는 짙고 옅은

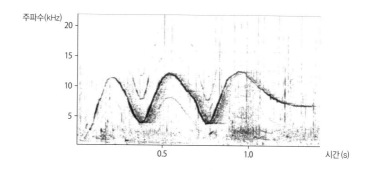

그림 3.2 남방큰돌고래의 휘슬 스펙트로그램(음파 반향 사진)

정도로 표현되는데 큰 소리일수록 진하게 나타난다. 그림 3.2는 이즈 제도의 미쿠라 섬에 서식하는 남방큰돌고래의 휘슬whistles 스펙트로그램이다. 휘슬은 돌고래가 내는 소리의 일종이다. 가로축에 초 단위로 나타낸 시간 경과를 따라서 보면, 낮은 음에서 시작해 점점 높아지다가 다시 낮아지고, 또 높아지고 낮아지고, 높아지다가 마지막에 조금 낮아지며 끝난다. 소리의 세기는 0.3초 무렵부터 0.8초 부근까지 강해지는 것을 알 수 있다.

소리가 전달되는 것은 물이나 공기 같은 매질의 압력 변화가 전해지는 현상이다. 소리의 높이는 주파수, 즉 1초간의 진동수를 나타내며 단위는 헤르츠Hz, 킬로헤르츠kHz로 표시한다. 소리의 빠르기는 매질의 조건에 따라 변하는데, 기온이 20도인 공기 중에서는 1초동안 약 340m 나아간다. 그런데 같은 온도일 때 물속에서는 1초 동안 약 1.5km 나아간다. 즉 물속은 소리가 매우 빠르고 효율 좋게 전달되는 환경이라 할 수 있다. 그러므로 수중 동물 대부분은 소리를 사용해서 소통한다. 우리가 물속에 잠수할 때는 귓속에 공기층이 생겨서 소리가 잘 들리지 않는다. 신체 조건이 이렇다 보니 의식하지 못했을 뿐, 바닷속은 사실 '소리의 세계'이다.

인간에게 들리는 소리, 동물에게 들리는 소리

우리 인간이 모든 소리를 들을 수 있는 것은 아니다. 개인차는 있겠지만, 인간이 들을 수 있는 소리 주파수의 범위는 대체로 20Hz~20kHz라고 한다. 인간에게는 너무 높아서 들리지 않는 소리를 초음파, 너무 낮아서 들리지 않는 소리를 초저주파라고 한다. 다른 동물은 더욱 높은 소리나 낮은 소리를 들을 수 있는데, 특히 돌고래는 150kHz까지, 즉 인간이 들을 수 있는 최고 한계보다 8배 가까이 높은 소리를 들을 수 있다. 박쥐도 상당히 높은 소리를 들을 수 있지만 낮은 소리는 듣지 못한다. 우리가 보통 말하는 목소리는 돌고래나 박쥐에게는 거의 들리지 않는다. 반대로 흰긴수염고래가 내는 소리는 대부분 10~20Hz 정도로 너무 낮아서 우리는 들을 수 없다. 따라서 이런 동물의 울음소리를 연구하려면 인간이 들을 수 없는 소리를 녹음하는 기계와 분석 장치, 또는 들리지 않는 소리를 들을 수 있는 음역으로 변조하는 기계(육상 실험에서는 박쥐 초음파 감지기가 널리 알려져 있다.)가 필요하다.

인간이 소리를 듣는 원리는 다음과 같다. 우선 귓구멍으로 소리가 들어오면 고막을 진동시킨다. 이 진동이 귓속뼈에서 증폭된다. 이 신호가 달팽이관 속의 림프액 등을 진동시킨다. 달팽이관 속에는 털이 많은 유모 세포가 있는데 이 세포는 일정 주파수에 특이하게 반응하게 되어 있다. 그 신호가 신경에 의해 뇌로 전달되어 소리가 들린다.

돌고래는 귓바퀴가 없다. 귓구멍의 흔적은 있으나 구멍은 막혀 있다. 그렇다면 어떻게 소리를 듣는 것일까. 현재의 학설에 따르면 아래턱으로 소리가 들어가고 아래턱 뒤쪽 얇은 뼈 부분에서 안쪽 지방층을 통해 귓속뼈나 달팽이관에 전해진다고 한다. 한편, 어떻게 소리를 내는가에 관해서는 콧구멍 윗부분 안쪽에서 울음소리를 낸다고 추정한다. 즉, 돌고래는 코로 울고 턱으로 듣는 것이다.

 돌고래의 에콜로케이션

이즈 제도 미쿠라 섬은 대체로 물이 맑은 편이다. 그런데 조금 탁한 곳으로 이동해 잠수하면 돌고래의 모습은 보이지 않고 소리만 깍깍깍 들리곤 한다. 그 소리는 점점 빨라진다. 깍깍깍깍 울다가 마지막으로 '끼-' 하는 소리가 나면서 갑자기 눈앞 3m쯤에 돌고래가 나타나면 깜짝 놀란다. 돌고래는 이 소리로 상대의 존재를 간파하지만, 연구하는 나는 그저 돌고래의 모습이 보일 때까지 기다릴 뿐 다른 방법이 없다.

앞서 말한 대로 돌고래는 에콜로케이션을 진화시켰다. 에콜로케이션은 스스로 쏘아 보낸 소리가 물체에 부딪혀 되돌아오는 것을 받아 자신과 물체 사이의 거리를 측정하고 물체가 어떻게 생겼는지 파악하고 어디로 움직이는지를 판단하는 능력이다. '소리로 물건을 보는' 능력이라고도 한다. 돌고래가 발신하는 에콜로케이션 소리를 클릭clicks이라고 부른다.

일반적으로는 박쥐의 에콜로케이션이 잘 알려져 있다. 주파수가 50kHz 전후로 매우 높은 박쥐의 울음소리는 인간에게 들리지 않는 초음파이다. 저녁이 되면 강이나 논에서 소리도 없이 왔다 갔다 하고 갑자기 방향을 바꾸면서 혼란스럽게 날아다니는 박쥐를 본 경험이 있을 것이다. 박쥐는 인간에게 들리지 않는 고주파 소리를 내면서 먹이를 찾고, 먹이가 날아가는 방향도 소리로 안다. 소리만으로 먹이를 찾고 잡을 수 있다.

돌고래는 종에 따라 우리 인간의 귀에도 들리는 클릭을 내기도 한다. 수족관에 전시된 큰돌고래는 인간이 들을 수 있는 클릭을 낸다. 기회가 된다면 수조 근처에서 귀를 쫑긋 세우거나 수조에 귀를 바짝 대고 들어보도록.(돌고래가 튀기는 물에 맞지 않도록 주의할 것!) 돌고래의 클릭이 인간의 귀에 들리는 이유는 소리의 주파수대가 넓어서 우리에게 들리는 '낮은' 주파수도 포함하기 때문이다.그림 3.3 참조 이 소리가 컴퓨터 마우스를 클릭할 때 나는 소리와 비슷해서 클릭이라고 부르게 되었다.

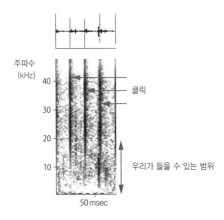

그림 3.3 돌고래의 에콜로케이션 소리(클릭). 위는 그 음파 모양, 아래는 스펙트로그램.

 ## 돌고래가 항상 '보고' 있는 곳

미쿠라 섬의 돌고래는 멀리 떨어진 곳에서 우리를 관찰할 때 깍, 깍, 깍 이렇게 느린 박자로 클릭을 냈다. 우리가 다가가자 클릭 박자가 빨라졌다. 그 이유는 무엇일까. 여기서 잠깐, 돌고래가 내는 클릭을 계산해 보자. 그림 3.4를 보면, 돌고래는 0.05초 정도 간격으로 깍, 깍, 깍 클릭을 내고 있다. 돌고래는 깍 하고 하나의 소리, 즉 펄스pulse를 낸 뒤 그 펄스가 물체에 닿았다가 되돌아온 소리를 듣고 곧 다음 펄스를 내므로, 펄스와 펄스 사이의 시간 간격은 소리가 돌고래와 물체 사이를 오가는 시간이라 봐도 좋다. 이 계산법을 이용하면 돌고래가 어디를 보고 있는지 알 수 있다.

바다 동물은 왜 느림보가 되었을까?

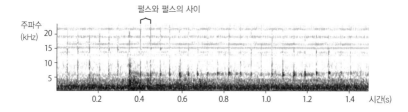

그림 3.4 어떤 돌고래의 클릭. 약 0.05초 간격으로 펄스가 계속된다.

소리는 물속에서 1초 동안 1.5km 전진한다. 0.05초 동안에는 75m를 간다. 소리가 왕복하는 총 길이가 75m이니 이 길이를 둘로 나눈 37.5m가 돌고래와 물체 사이의 대략적인 거리가 된다. 다시 말해 이 돌고래는, 그때 약 30~40m 전방을 보고 있었던 것이다. 미쿠라 섬에서 돌고래가 내던 깍, 깍, 깍 소리의 박자가 빨라졌다는 것은 관찰 거리가 짧아졌다는 뜻이다. 즉, 나와의 거리가 좁혀졌다는 말이 된다.

돌고래는 에콜로케이션으로 얼마나 멀리까지 조사할 수 있을까. 하와이 대학의 연구 팀 휘트로 오 일행은 큰돌고래가 113m 앞에 있는 공 모양의 작은 금속 물체(직경 7.62cm)를 발견할 수 있다고 보고했다.

실험을 통해 작은 금속 공을 볼 수 있다는 결과를 얻었으니, 그보다 큰 암석은 더욱 먼 거리에서도 발견할 수 있을 것이다.

그런데 이 보고는 돌고래가 먹이를 잡기 위해서 열심히 금속 공을 찾았을 때 기록된 것이므로 돌고래가 능력을 최대로 발휘한 수치이다. 평소에 최대 능력을 계속 발휘하는 일은 드물다. 사람들도 걸을 때 혼신의 힘을 다하기보다 멍하니 주위를 보는 일이 많다. 그렇다면 일반적으로 돌고래가 '보고' 있는 것은 어느 정도의 거리일까. 앞서 말한 대로 클릭의 간격(펄스 간격)을 측정하면 돌고래가 관찰하고 있는 거리를 가늠할 수 있다. 수산공학연구소 소속의 아카마쓰 도모나리 일행은 미쿠라 섬에서 서식하는 돌고래의 펄스 간격을 측정해서, 이들이 대략 20m 앞을 가장 잘 보며 최대 140m 앞까지의 범위를 넓게 '보고' 있다는 것을 알아냈다. 한편, 수족관에 있는 돌고래는 4m 앞을 가장 많이 관찰하고 아무리 멀리 봐도 20m에 못 미쳤다. 아카마쓰 팀은 중국 양쯔 강에 사는 양쯔강돌고래와 넓은 바다에서 헤엄치는 쥐돌고래가 일반적으로 보는 범위를 비교해 쥐돌고래가 훨씬 멀리까지 '보고' 있다고 발표했다. 돌고래는 살고 있는 환경에 적응해 관찰 범위를 변경한다. 항상 멀리 보거나 항상 가까이 보는 게 아니라, 넓고 흐릿하게 보고 있으며 필요에 따라 똑똑히 본다. 즉 돌고래는 사람과 같은 방법으로 '보고' 있는 것이다.

 가끔은 탐색을 게을리하는 돌고래

돌고래는 캄캄한 어둠 속에서도 먹잇감인 물고기를 포착해서 잡아먹을 수 있다. 이들은 '소리로 보는 눈'의 기능을 하는 클릭을 24시간 계속 내는 것일까? 미쿠라 섬에서 50마리 정도 되는 돌고래

바다 동물은 왜 느림보가 되었을까?

그림 3.5 한쪽 눈을 감고 헤엄치는 남방큰돌고래

무리를 발견하고 잠수했는데 소리가 전혀 들리지 않은 적이 있다. 끼-끼-, 쀼이- 하고 소란스러운 소리를 내는 돌고래들이 가끔 침묵을 지키면 이상한 느낌이 든다. 그럴 때 돌고래들은 대부분 바다 깊은 곳에서 나란히 열을 지어 천천히 헤엄치며 한쪽 눈을 감은 상태_그림 3.5로 휴식을 취한다. 잠을 자거나 쉬면서 눈에 휴식을 주는 인간처럼 돌고래도 '소리로 보는 눈'을 쉬게 할 필요가 있는 것이다.

　　앞서 언급한 수산공학연구소 소속의 아카마쓰는 양쯔강돌고래의 흡반에 A태그(72쪽 칼럼 참조)를 붙여 돌고래가 어떻게 주위를 '보고' 있는지를 조사하면서 돌고래가 가끔 탐색을 게을리한다는 것을 깨달았다. 대체로 5초에 한 번 꼴로 주변을 탐색하지만 잠시 소리를 내지 않는 시간이 있다. 그리고 이 공백이 끝나면 다시 소리를

음향 데이터 로거 'A태그'

음향도 바이오 로깅이 가능하다. 소형 음향 데이터 로거를 돌고래나 고래 몸에 달아서 소리를 기록한다. 일본 수산공학연구소의 아카마쓰가 개발한 A태그는 그런 기능을 하는 음향 데이터 로거이다. 기존에 널리 사용되고 있는 외국 제품으로는 D태그가 대표적인데, 소리를 있는 그대로 녹음하는 사운드 레코더 방식이다. 그에 비해 A태그는 고주파 소리가 날 때만 정보를 기록하는 데이터 레코더 시스템이다. 수중 마이크가 2개 장착된 A태그는 고주파 소리가 들어간 시간 차와 음압을 기록한다. A태그는 소리를 있는 그대로 재생하지는 못하지만 장시간 녹음이 가능하고 데이터 양이 크지 않으며 분석이 매우 간편하다는 특색이 있다.

3장의 저자인 모리사카 다다미치가 아카마쓰 박사, 사토 가쓰후미, 왕딩 등과 공동 연구로 A태그와 행동 데이터 로거를 양쯔강돌고래에게 다는 모습(중국 수생생물연구소 촬영)

바다 동물은 왜 느림보가 되었을까?

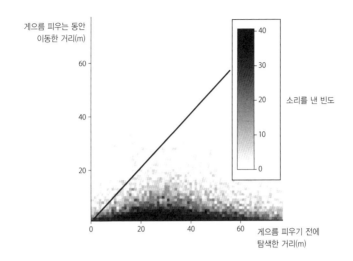

그림 3.6 전방을 충분히 탐색한 뒤에 게으름을 피우는 양쯔강돌고래(아카마쓰 도모나리 외, 2005)

낸다. 하지만 이 공백은 단순한 게으름이 아니다. 먼저 소리를 내서
앞을 살펴보고 확실히 전방의 상황을 파악한 뒤 게으름을 피우는 것
이다. 그림 3.6을 보자. 그래프의 세로축은 탐색을 쉬는 동안에 이동
한 거리, 가로축은 게으름을 피우기 전에 소리로 탐색한 거리를 나
타내는데, 색의 농도는 소리가 난 빈도를 나타낸다. 탐색에 게으름
을 피우는 동안에 이동한 거리는 A태그와 함께 장착한 행동 데이터
로거에서 얻은 유영 속도로 산출한 것이다. 한편, 게으름 피우기 전
에 소리로 탐색한 거리는 펄스의 시간 간격으로 거리를 추정한 것이
다.(68쪽 그림 3.3과 69쪽 그림 3.4 참조.) 그래프를 보면 탐색을 쉬
면서 나아간 거리보다 게으름을 피우기 전에 탐색한 거리가 길다는

것을 알 수 있다. 즉, 돌고래는 먼저 장해물이나 먹이의 존재 등 전방 상황을 확인하고 문제가 없으면 잠깐 게으름을 피우고, 확인한 거리를 이동하기 전에 다시 탐색을 시작하는 것이다. 하루 종일 능력을 최대로 발휘하지 않고 적당히 느슨하게 풀어 주는 것은 생물이 살아가는 데 매우 중요한 행동이다.

남의 '시선'을 훔친다

돌고래가 다른 돌고래의 에콜로케이션을 '훔쳐 들으며' 적당히 게으름을 피울 가능성도 있다. 함께 나란히 헤엄치면서 개체 중 한 마리가 클릭을 내면 다른 돌고래들도 그 소리가 되돌아오는 상태를 듣고 장해물의 정보를 얻을 것이라는 추측이다. 마크 시코 팀은 이 추측을 실험에 옮겼다.

일단 돌고래 두 마리를 한 곳에 두고 관찰 대상으로 삼았다. 한 마리는 에콜로케이션을 할 수 있게 두고 다른 한 마리는 머리 부분을 물 위로 내놓아 스스로 에콜로케이션을 못 하게 만들었다. 그리고 소리는 통과하지만 앞이 보이지 않는 스크린 너머에 물건을 두고 돌고래가 에콜로케이션으로 물건을 조사하게끔 했다.그림 3.7 실험 결과, 에콜로케이션이 가능한 돌고래는 물론이고 머리를 물 위로 내놓아 스스로 에콜로케이션을 할 수 없는 돌고래도 물체의 존재를 정확히 알아맞혔다. 이로써 돌고래는 다른 돌고래의 클릭을 듣고 전방의

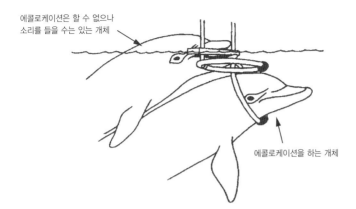

에콜로케이션은 할 수 없으나
소리를 들을 수는 있는 개체

에콜로케이션을 하는 개체

그림 3.7 돌고래의 훔쳐 듣기 실험(마크 시코, 허버트 로이트블라트, 1996)

정보를 파악하는 능력을 가지고 있다는 것을 확인했다. 그렇다면 실제로 자연환경에서도 그 능력을 사용하고 있을까. 토머스 게츠 연구 팀은 뱀머리돌고래가 뿔뿔이 흩어져 있을 때보다 옆으로 줄을 지어 나란히 헤엄칠 때 에콜로케이션 빈도가 줄어든다는 결과를 근거로 자연환경에서도 에콜로케이션 소리를 엿들을 가능성이 있다고 발표했다. 돌고래는 그림 3.5의 모습처럼 휴식을 취할 때 옆으로 한 줄을 이뤄 헤엄치는 경향이 있다. 에콜로케이션의 빈도가 격감한 것은 단순히 휴식 시간이라서 정보 파악이 줄어들었을 가능성도 있다. 이런 변수 때문에 게츠 연구팀의 보고를 전적으로 신뢰할 수는 없지만, 아마 돌고래는 다른 돌고래가 낸 클릭을 듣고 그 정보를 이용하고 있을 것이다.

생사가 걸린 '도청'

같은 종의 돌고래가 클릭을 엿듣는 것은 크게 문제되지 않는다. 서로 그렇게 이용하면 모두에게 이로울 수도 있다. 하지만 종이 다른 동물, 특히 포식자가 훔쳐 듣는 것은 목숨이 걸린 문제다. 이렇게 위험이 닥치면 생물은 도청당하지 않도록 진화한다.

돌고래가 가장 두려워하는 포식자는 범고래이다. 예전에 외국에서 온 연구원과 함께 돌고래 관람선을 타고 지바 현 조시 앞바다로 나간 적이 있다. 남보다 먼저 범고래를 발견한 우리는 얼른 선장에게 알렸지만 이미 범고래는 모습을 감춘 뒤였다. 문제는 범고래가 나타나면 다른 고래들이 사라진다는 것이다. 결국 그날은 항구 근처에서 상괭이를 몇 마리 봤을 뿐, 그것 말고는 고래 꼬리조차 구경하지 못했다. 원래 상괭이를 관찰하기 위해 배에 올랐던 나와 그 연구원은 크게 만족했지만 다른 손님들은 화를 냈다. 산리쿠 해역이나 그 밖의 지역에서도 범고래가 나타나면 다른 고래들은 모습을 감춘다고 한다.

돌고래와 같은 이빨고래류(77쪽 칼럼 참조)인 범고래는 온혈동물을 잡아먹는 포식자로, 최대 유영 속도가 빠르며 무리를 지어 사냥한다. 때로는 세계에서 가장 큰 동물인 흰긴수염고래도 잡아먹는다. 다른 포식 동물, 예를 들어 상어와는 달리 범고래는 귀가 발달된 데다 뛰어난 에콜로케이션 능력을 가지고 있어서 먼 곳에서도 먹이가 되는 동물을 발견할 수 있다. 먹이 동물이 소리를 내는 순간, 범

돌고래와 고래

①은 밍크고래, ②는 까치돌고래, ③은 향유고래, ④는 흰돌고래이다. 돌고래와 고래를 나누는 기준은 크기이다. 몸집이 작으면 돌고래, 크면 고래라고 부른다. 구분하기에 가장 까다로운 것이 흰돌고래(④)이다. 일본어로는 シロ'イルカ'(흰'돌고래')라고 하나 영어로는 white 'whale', 즉 흰'고래'라고 부른다.

이보다도 중요한 것은 수염고래(류)와 이빨고래(류)의 분류이다. 수염고래는 인간의 손톱과 같은 각질로 된 '수염판'을 가지고 있으며 콧구멍이 밖에서 볼 때 두 개이다. 아래 그림에서는 ①의 밍크고래만 수염고래에 속한다. 한편 이빨고래류는 이름처럼 '이빨'이 있다. 이빨고래의 콧구멍은 밖에서 볼 때 하나뿐이다. 대부분의 연구는 주로 소형 이빨고래, 즉 '돌고래'를 대상으로 삼는다. 여기서는 돌고래로 불리지 않는 큰 이빨고래류도 '돌고래'로 분류했다. 이 점 양해 바란다.

그림 3.8 클릭이 높고 휘슬을 내지 않는 종
① 라플라타강돌고래 ② 쥐돌고래 ③ 상괭이 ④ 히비사이드돌고래

고래는 순식간에 그 존재와 위치를 알아낸다. 이런 범고래가 소리를 엿듣는다면 돌고래의 목숨은 아주 위태로워진다.

일부 몸집이 작은 돌고래는 여타 돌고래들과 다른 클릭을 낸다. 돌고래들은 낮은 주파수부터 높은 주파수까지 폭넓은 클릭을 내지만, 일부 소형 돌고래들은 범고래가 들을 수 있는 100kHz보다 낮은 소리는 내지 않고 그보다 높은 고주파 클릭을 낸다. 지금까지 우리가 조사한 바로는, 고주파 클릭을 내는 종류는 프란시스카나과, 쇠돌고랫과, 참돌고랫과의 흑백돌고래속, 그리고 꼬마향고랫과 등이다.그림 3.8 이런 종류는 대략 20kHz보다 낮은 의사소통용 휘슬그림 3.2도 내지 않는다. 아마도 범고래에게 도청당하지 않도록 높은 주파수의 클릭을 내고 의사소통용 휘슬도 사용하지 않는 것 같다.

높은 주파수부터 낮은 주파수까지 폭넓은 클릭을 사용하면 정보도 많이 교환할 수 있고 에콜로케이션의 범위도 넓어질 것이다. 하지만 소형 돌고래는 정보 교환보다는 목숨이 중요하기 때문에 에콜로케이션 능력이 떨어지더라도 범고래에게 잡히지 않는 쪽으로 진화된 것 같다.

반면에 범고래 입장에서 보면, 사냥감인 돌고래가 뛰어난 청력을 가지고 있어서 자기 소리를 엿듣고 도망쳐 버리는 것이다. 그래서 범고래는 꼭 필요한 경우가 아니라면 의사소통용 휘슬도 클릭도 내지 않는 것 같다. 특히 먹이를 잡기 전에는 휘슬은 거의 내지 않고 클릭도 단발이나 무작위로 조금 낼 뿐이며 오로지 먹잇감의 소리(호흡 소리 등)를 듣는다. 먹잇감이 되는 동물의 전략과 포식자인 동물의 전략이 서로 충돌하며 함께 진화하는 것을 진화적 군비 경쟁 evolutionary arms race이라고 하는데, 돌고래와 범고래의 예도 그에 속할지 모른다.

소리를 내는 행위는 이점과 단점을 모두 가지고 있다. 클릭으로 전방을 살필 수 있다는 이점이 있는 반면, 그 소리를 포식자가 들으면 위치가 발각된다는 단점이 있다. 이런 관점에서 보면, 쉴 새 없이 클릭을 내지 않고 적당히 게으름을 피우는 것이 이치에 맞는 것 같다. 클릭은 바닷속 다양한 환경에서 형성된 최적의 수단이다. 이렇게 정밀한 에콜로케이션은 바다라는 환경과 먹이사슬 등 복잡한 생물 요인 속에서 오랜 기간 적응하며 만들어 온 능력인 것이다.

 새우가 돌고래 소리를 바꾼다고 ?

의사소통 소리도 여러 가지 원인에 의해 상태가 바뀐다. 돌고래는 '뺘-뺘-' 하는 휘슬그림 3.2로 개체들 간에 의사를 전달한다. 이즈제도의 미쿠라 섬과 오가사와라 제도 그리고 규슈의 아마쿠사시모 섬에 사는 남방큰돌고래의 휘슬을 각각 녹음해 지역 차가 있는지 조사해 보았다. 간략하게 말하면 지역에 따라 제법 차이가 있다. 미쿠라 섬과 오가사와라는 비슷하지만, 아마쿠사시모 섬 쪽은 약간 다르다. 실제로 바닷속에서 녹음한 내용을 들어 보면 아마쿠사 쪽 바다는 다른 소리로 소란해서 돌고래의 휘슬이 잘 들리지 않는다.

시끄러운 아마쿠사 바다에 사는 돌고래들의 울음소리는 매우 낮고, 미쿠라 섬과 오가사와라 제도의 돌고래 소리는 비교적 높다. 소리 구성도 다르다. 아마쿠사시모 섬 쪽은 변화가 적고 단순하게 '삐- 삐-' 하는 휘슬인데, 미쿠라 섬과 오가사와라 제도 쪽은 '쀠쀼이' 하고 복잡한 휘슬을 낸다.^{그림 3.9} 소리 크기를 측정해 보니, 아마쿠사시모 섬의 돌고래는 다른 두 지역의 돌고래보다 큰 소리로 휘슬을 낸다.

즉 오가사와라나 미쿠라 섬처럼 고요한 바다에 사는 돌고래는 주파수가 높고 복잡하고 작은 소리를 낸다. 반면에 소란한 아마쿠사 바다의 돌고래 소리는 낮고 단조로우며 음량이 크다. 아마쿠사시모 섬 돌고래들은 커다란 소리로 낮고 단조롭게 울어서 시끄러운 환경에서도 먼 곳까지 소리를 전달하는 것이 아닐까 추측해 본다.

하지만 아무리 애를 써서 낮고 크게 소리를 내도 아마쿠사 바다에서는 대개 300m 정도밖에 전달되지 않는다. 다른 지역의 돌고래 소리는 1km 정도는 간다. 그래서일까, 아마쿠사시모 섬의 돌고래 무리는 서로 300m 정도 간격을 두고 있다. 무리에서 떨어지지 않도록 휘슬이 들리는 범위 안에 머무는 것 같다. 즉, 휘슬이 전해지는 범위 안에서 무리를 짓고 뿔뿔이 흩어지지 않도록 움직이는 것이다. 돌고래 휘슬이 사투리처럼 지역에 따라 달라지는 원인 중 하나는 서식 환경의 '소음'으로 추측된다. 아마쿠사 바다가 시끄러운 것은 딱총새우 때문이다. 몇 센티미터 크기의 이 작은 새우는 바닷속에서 '빠각빠각' 마치 기름에 튀기는 소리 같은 잡음을 낸다. 아마쿠사 바다는 이 딱총새우를 비롯해 갑각류가 많아서 시끄럽다. 그곳에 사는

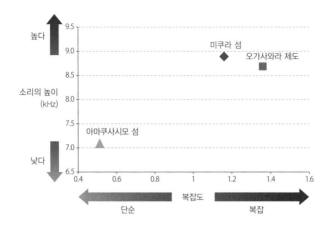

그림 3.9 남방큰돌고래 휘슬의 지역 차. 각 지명 아래 기호는 지역 평균치를 나타낸다.

돌고래는 휘슬을 바꾸어 가며 잡음에 대응한다. 아마도 작은 새우가 돌고래의 울음소리를 변화시킨 것 같다.

그렇다면 왜 조용한 오가사와라 제도나 미쿠라 섬의 돌고래들은 낮은 소리를 크게 내서 더욱 먼 곳까지 전하려 하지 않을까. 의사소통 범위가 넓어지면 무리를 더욱 확장할 수 있고 무엇보다 가까이서도 듣기 쉬울 것이다. 그런데도 소리를 크게 내지 않는 것은 아마도 적당히 게으름 피우는 행동과 관계가 있을 것이다. 어느 정도 거리에서 소리가 전해지면 그 이상으로 에너지를 사용하지 않는다. 그리고 소리를 키우지 않으면 포식자에게 들킬 확률도 낮아진다.

바다 동물은 왜 느림보가 되었을까?

🐧 소리로 알 수 있는 크기

머리가 거대한 향유고래[77쪽 사진③]는 마치 잠수함처럼 보인다. 향유고래는 그 소리만으로 몸체 크기를 짐작할 수 있다. 그림 3.10을 보자. 향유고래의 클릭은 앞쪽 윗부분에서 나오는데 그 부분뿐만 아니라 몸 안에서 뒤쪽으로도 소리를 낸다. 이 뒤쪽으로 나가는 소리는 향유고래의 머리뼈에 부딪혀 되돌아와 몸 밖으로 빠져나간다. 이런 과정에서 처음에 앞쪽으로 나온 소리와 머리뼈에서 되돌아 나온 소리 사이에 시간 차가 생긴다.(여기서는 '두부 왕복 시간 차'라고 부르기로 한다.) 이 시간 차는 소리가 음원에서 머리뼈까지 왕복하는 데 필요한 시간을 의미하기 때문에, 역산하면 음원에서 머리뼈까지의 길이를 알 수 있다. 머리뼈까지의 길이와 전체 몸길이는 비례하므로 두부 왕복 시간 차로 몸 크기를 측정할 수 있다. 향유고래 외의 다른 이빨고래들에게서는 아직 이런 관계를 발견하지 못했다. 머리 생김새가 독특한 향유고래만이 가진 특성이다.

향유고래가 이런 정보를 활용하고 있는지는 아직 밝혀지지 않았다. 이와 관련해 테드 크랜퍼드는 흥미로운 가설을 제시했다. 향유고래 수컷은 암컷에 비해 몸집이 크다. 수컷은 특히 몸 전체에서 머리가 차지하는 비율이 크다. 크랜퍼드는 수컷의 커다란 머리가 성 선택의 결과라고 짐작했다. 만약 향유고래 암컷이 몸집 큰 수컷을 선호하는 경향이 있다면, 두부 왕복 시간 차가 길고 소리도 큰 클릭을 내는 수컷을 좋아할 것이다. 클릭을 크게 내기 위해서는 머리 크

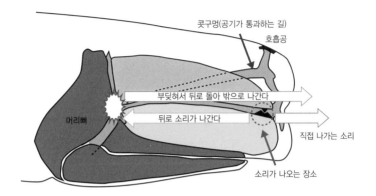

콧구멍(공기가 통과하는 길)

호흡공

부딪혀서 뒤로 돌아 밖으로 나간다

머리뼈

뒤로 소리가 나간다

직접 나가는 소리

소리가 나오는 장소

그림 3.10 향유고래의 머리와 소리가 나오는 구조(테드 크랜퍼드, 1999)

기가 중요하므로 암컷 향유고래의 선택을 받기 위해 수컷들의 머리
는 점점 커진다. 크랜퍼드는 수컷 향유고래가 이런 과정을 거쳐 큰
머리를 가지게 되었다고 유추했다. 이 가설에 따르면 향유고래의 클
릭이 형성되는 데는 성 선택이라는 요인이 관련되어 있다. 에콜로케
이션은 효율을 높이기 위해서뿐만 아니라, 암컷의 선택을 받기 위해
서도 필요하다는 것이다.

 돌고래의 주변 환경

돌고래는 소리로 주변을 살피고 다른 개체와 의사소통한다. 항
상 능력을 최대로 발휘하지는 않으며 적당히 게으름을 피워 힘을 절

바다 동물은 왜 느림보가 되었을까?

약한다. 그것은 돌고래가 포식자로서 그리고 피식자로서 엿듣는 행동으로도 설명할 수 있을지 모른다. 또 에콜로케이션과 의사소통에는 본래의 목적과는 다른 여러 요인이 관계되어 있고, 효율만을 목적으로 진화된 것은 아니라는 사실도 깨달았다. 돌고래의 주변 환경을 잘 이해하고 그들이 보고 듣는 세계에 다가가기 위해서는 알아야 할 사항들이 아직 많다.

4장
빙글빙글 돌면서 자는
바다표범

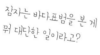 잠자는 바다표범을 본 게
뭐 대단한 일이라고?

가속도를 이용한 운동 측정

우리가 사용하는 가전제품에는 대부분 가속도 센서가 탑재되어 있다. 가정용 비디오카메라를 예로 들어 보자. 이 기기에는 손 떨림 보정 기능이 있다. 소형 비디오카메라는 삼각대 없이 손에 들고 촬영하는 일이 많은데, 아마추어가 찍은 영상은 미묘하게 흔들려서 보기에 좋지 않다. 그래서 카메라에 내장된 가속도 센서로 떨림을 감지해 화면이 흔들리지 않게 촬영할 수 있는 기능이 개발되었다.

또 다른 예로 스마트폰을 살펴보자. 세로로 긴 화면으로 영상을 보는 게 불편할 때 스마트폰을 90도 돌려 옆으로 들면 화면 속 영상도 그에 맞춰 가로로 바뀐다. 이때 스마트폰 내부에서는 가속도 센서가 중력 가속도를 측정하고 방향이 바뀐 것을 찾아낸다. 이렇게 가속도로 물체의 흔들림과 기울어짐을 알아낼 수 있다. 이런 원리를 이용해서 직접 관찰할 수 없는 해양 동물의 운동을 측정하는 실험은 스마트폰이 등장하기 전인 1996년부터 시작되었다.

이 기술은 일본에서 가장 먼저 개발되었다. 나이토 야스히코 교수를 중심으로 한 국립극지연구소 팀은 소형 가속도 기록계에 내압 방수 케이스를 입혀 야외 실험을 진행했다. 그리고 이 실험에서 얻은 가속도 데이터를 분석하는 과정을 이끌었다. 나(사토 가쓰후미)도 나이토 교수 팀이었다. 일선에서 일했던 사람으로 솔직히 밝히자면, 처음부터 운동 측정을 목표로 기기를 개발한 것은 아니다. 원래는 다른 목적을 가지고 가속도계를 개발했다. 그런데 막상 펭귄과 바다표범에게 달고 실험해 보니, 애초에 계획했던 목적은 달성하지 못했지만 동물의 지느러미 움직임이나 체축(몸의 중심이 되는 축) 각도를 측정하는 데 유효했다.

동물의 잠수 행동은 압력 센서로 측정되는 심도 시계열 데이터를 보면 알 수 있고, 동물이 헤엄치는 속도는 프로펠러의 회전수로 측정할 수 있다. 이런 잠수 행동이나 유영 속도를 달성하기 위해 동물이 얼마나 애쓰고 있는지 그 노력을 가속도 시계열 데이터로 알 수 있다는 것이 나중에 판명되었다.

가속도를 이용한 운동 측정은 엉겁결에 발견한 방법이지만 현재 수생동물 관찰에서는 당연한 수단이 되고 있다. 게다가 이 방법은 관측이 가능해서 바이오 로깅을 도입할 필요성이 낮다고 판단되던 육상동물 연구에도 유효했다. 이번 4장에서는 가속도를 이용한 운동 측정 방법의 개발 과정과 연구 성과를 연대순으로 소개하겠다.

바다 동물은 왜 느림보가 되었을까?

그림 4.1 크로제 제도 포세시옹 섬의 임금펭귄 서식지에서 순찰을 도는 사토 가쓰후미

 부력을 이용해 떠오르는 펭귄

펭귄에게 최초로 가속도계를 단 것은 1996년이었다. 당시 국립극지연구소의 박사 연구원이었던 나는 남인도양의 크로제 제도로 건너가 프랑스 팀과 함께 공동 야외 조사에 참가했다. 새끼를 양육 중인 임금펭귄 다섯 마리에게 개발한 지 얼마 되지 않은 가속도계를 달고 펭귄들이 바다로 나간 뒤에 매일 집단 번식장을 순찰했다.그림 4.1 임금펭귄이 먹이를 찾아 떠나는 여행은 보통 2주 정도 걸린다. 그런데 공교롭게도 실험을 하던 그해에는 멀리 떨어진 곳에 먹이가 몰렸는지 한 달이 지나서야 겨우 새들이 돌아왔다. 예상보다 먹이 여행

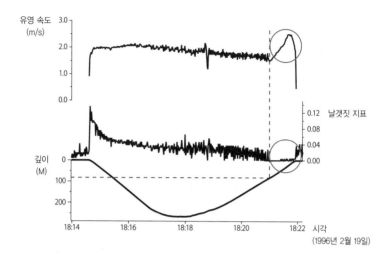

그림 4.2 임금펭귄에게서 얻은 세계 최초 가속도 시계열 데이터(사토 가쓰후미 외, 2002)

이 길어지는 바람에 가속도계를 회수하는 데 어려움이 많았다. 더구나 이런 고생에 비해 소득은 적었다. 아무래도 처음 만드는 장치라 고장도 나고 이것저것 모자란 점이 많았던 모양이다. 시행착오를 거친 두 번째 기계부터는 데이터를 내려받을 수 있었다.

이렇게 얻은 가속도 데이터를 깊이와 속도 데이터와 함께 시계열도로 작성해 보았더니그림 4.2 이상한 점이 눈에 들어왔다. 펭귄이 잠수하기 시작했을 때, 가속도 센서의 신호(날갯짓 지표)는 큰 수치를 나타내고 있다. 여기서 말하는 날갯짓 지표는 가속도 센서에서 발신된 신호의 플러스 성분만을 모두 합해서 1초 간격으로 균일하게 나눈 것이다. 그러므로 진정한 의미에서의 가속도가 아니라, 펭귄의

바다 동물은 왜 느림보가 되었을까?

몸이 흔들리는 것에 대응하는 지표이다. 펭귄이 헤엄치기 시작하면서 격렬하게 날개를 치는 것은 예상한 움직임이다. 그 뒤 유영 속도가 초속 2m 전후로 안정되면 날갯짓 지표도 일정치 전후로 안정된 모습을 보인다. 펭귄이 다시 떠오르면서 날갯짓 지표는 어느 정도 감소하는데, 이상하게도 잠수를 마치기 전에 깊이 60m 정도 되는 시점에서 날갯짓 지표가 0이 되었다. 이것은 날갯짓을 멈췄다는 뜻이다. 그런데도 그 지점부터 수면에 도착하는 동안 유영 속도는 초속 2m 전후에서 3m 가까이까지 가속되고 있다. 날갯짓을 하지 않는데도 가속도가 지속되다니 이것은 무슨 까닭일까. 회수된 장치를 몇 번이나 테스트해 보았지만 타이머가 고장 난 것은 아니었다. 세계 최초로 얻은 가속도 시계열 데이터를 앞에 두고 나는 고민에 빠졌다.

 원래의 목적은 다른 것이었지만

처음에는 물속에서 이루어지는 이동의 삼차원 경로를 산출하기 위해 수생동물의 가속도를 기록했다. 공중에서는 전파를 사용해서 위도, 경도, 높이 등을 측정할 수 있지만, 물속에서는 전파가 전달되지 않는다. 초음파는 물속에서도 전달되지만 도달 거리가 수 킬로미터 이내로 한정된다. 모든 연구자들은 물속을 삼차원적으로 넓게 이동하는 동물이 어떤 경로로 이동하고 있는지 궁금해했지만 뾰족한

방법이 없었다. 그런 배경 아래서 우리가 생각한 것은 다음과 같은 방법이었다.

　매초 기록되는 위치를 미분하면 속도가 되고, 속도를 미분하면 가속도가 된다. 그렇다면 동물의 몸을 삼축 방향, 즉 전후 방향, 등배 방향, 좌우 방향으로 나누어 각각의 가속도를 세세한 시간 간격으로 기록하고, 그것을 한 번 적분하면 각각 축 방향의 속도가 되고, 또 한 번 적분하면 위치가 될 것이다. 하지만 슬프게도 고등학교 물리 과정 정도의 지식밖에 없는 우리 생물학자들의 생각에는 커다란 결함이 있었다. 장치가 완성된 뒤에야 물체의 움직임에는 삼축 방향의 움직임에 더해 삼축 주변의 회전 운동이 있다는 것을 깨달았다. 그렇기 때문에 삼축 방향의 가속도만이 아니라, 삼축 주변의 각속도(회전 운동을 하는 물체가 단위 시간에 움직이는 각도를 말하며 '회전 속도'라고도 한다.) 내지는 각가속도(단위 시간에 나타나는 회전 속도의 변화 정도)도 필요했던 것이다.

　게다가 최초로 완성된 가속도계는 삼축이 아니라 이축이었고, 표본 추출 간격도 1초인 조악한 제품이었다. 이런 기계로는 야생 펭귄의 데이터를 얻을 수 있다 하더라도 의미 있는 결과를 도출해 낼 수 있을지 의문이었다. 이렇게 이론상 여건상 부족함이 많은 조건에서 실시한 야외 조사였지만, 펭귄은 잠수가 끝날 때 날갯짓을 멈춘다는 확실한 결과를 얻었다.

　당시 연구자 대부분이 헤엄치고 있는 동물은 당연히 가슴지느러미나 꼬리지느러미를 계속 움직인다고 여겼다. 그런데 이 조사를 통해 마치 새가 활공하듯이 펭귄이 수십 초 동안이나 날개를 움직이지 않는다는 사실이 밝혀졌다. 조사에 착수했던 일본과 프랑스 공동 연구자들은 모두 "이게 사실이면 재미있는 발견이긴 한데……."라며 반신반의했다.

 종을 바꿔 한 번 더

1996년 가을에는 아남극권(남극의 찬물과 그 북쪽의 덜 차가운 물이 만나는 경계인 남극 수렴선과 남위 60도 사이의 바다)인 크로제 제도를 떠나 귀국했다가 다시 프랑스 남극 기지 뒤몽 뒤르빌로 향했다. 임금펭귄보다 몸집이 다소 작은 아델리펭귄에게 장치를 달아, 이 펭귄도 잠수했다가 떠오를 때 활공을 하는지 조사해 보기로 했다. 실험 결과, 아델리펭귄 역시 떠오르는 도중에 활공해서 날갯짓 없이 수면에 도착하는 것이 판명되었다.

펭귄들은 부력을 이용해서 떠오르고 있었다. 잠수 직전에 들이마신 공기가 바다 깊은 곳에서 압축되었다가 물 위로 떠오르면서 다시 팽창하고, 일정 위치에 도달했을 때 날갯짓 없이 나아가기에 충분한 부력을 얻게 된다. 나는 더욱 자세하게 데이터를 해석해서 체내에 어느 정도로 공기가 있으면 활공이 가능한지 계산했다. 임금펭귄이나 아델리펭귄 모두 깊게 잠수할 때는 폐의 최대 용량에 필적하는 많은 공기를 마시고, 얕게 잠수할 때는 적은 공기를 들이마신다.

펭귄은 잠수에 들어가기 전에 깊은 곳까지 잠수할지 얕게 잠수할지 정하고, 들이마시는 공기 양을 깊이에 맞게 조절하고 있었던 것이다.

　원래 목표였던 수중 삼차원 경로는 알아내지 못했지만, 그 대신에 가속도계를 달아 동물의 날갯짓 유무와 강약을 측정할 수 있다는 것을 알았다. 기대가 크지 않았던 가속도계가 예상 밖의 개가를 올린 것이다. 그 뒤로 가속도계는 계속 개선되었고, 한층 발전된 가속도계를 사용한 일본 연구 팀은 수생동물의 행동 연구 분야에서 세계를 선도했다.

점박이물범 잭의 활약

　처음 만든 가속도계는 가속도 센서가 보낸 신호를 1초 간격으로 평균한 값을 기록했다. 이 기록은 운동 정도를 나타내는 수치에 불과했다. 진정한 의미의 가속도는 매초 수십 번 측정이 가능하게 된 이후에 얻을 수 있었다. 남극 쇼와 기지로 떠나기 전에 사육 동물을 대상으로 신형 가속도계를 실험해 보았다. 아이치 현 미나미치타 비치랜드의 협력을 받아 점박이물범 잭의 등에 가속도계를 달고 수영장에 풀어 놓았다. 잭이 헤엄치는 모습을 촬영한 뒤 가속도 시계열 데이터와 대조해서 검토해 보니, 뒷지느러미를 좌우로 움직이는 동작 하나하나를 가속도 시계열 데이터에서 확인할 수 있었다.그림 4.3 그리고 바다표범이 똑바로 서서 물 밖으로 얼굴만 내놓고 있을 때는

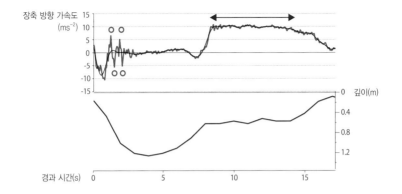

그림 4.3 1998년 6월 19일에 미나미치타 비치랜드에서 점박이물범(잭: 신장 152cm, 체중 76kg)으로 실험해서 얻은 장축 방향 가속도(위)와 깊이(아래)의 시계열도. 장축 방향 가속도의 미가공 데이터는 빨간 선으로, 0.5Hz 이하의 저주파 성분만 추려 낸 것은 검고 가는 선으로 기록했다. 가속도를 나타내는 빨간 선 옆의 빨간 동그라미는 뒷지느러미를 좌우로 움직이는 동작 하나하나에 대응하며, 바다표범이 직립해서 얼굴을 수면 위로 내놓고 있는 시간을 화살표로 나타냈다.

가속도 값이 +1G(=9.8㎧), 땅 위에 누워 뒹굴면 0G가 되었다. 물속에서 수평 방향으로 여기저기 헤엄치고 돌아다닐 때는 가속도의 기준선이 0G가 되고, 그 위로 뒷지느러미의 움직임에 들어맞는 파형이 겹쳤다.

바다표범의 등에 장치를 달기 위해서는 준비가 필요했다. 일단 화분 구멍을 막는 플라스틱 망을 잭의 등에 접착제로 붙이고 그곳에 원통형 장치를 고정했다. 실험이 끝나고 장치를 떼어 냈더니 잭의 등에는 원형 탈모, 아니, 사각 탈모 자국이 남고 말았다. 자기 자식처럼 바다표범을 돌보는 사육사 분들에게는 정말 죄송한 일이었다. 하지만 새로운 장치로 동물의 체축 각도나 뒷지느러미의 움직임을 세세하게 측정할 수 있어서 말할 수 없이 기뻤다.(2012년 8월 21일, 미나미치타를 방문해 14년 만에 잭과 다시 만났다. 다행히 실험 때 생긴 등의 탈모 자국은 사라졌다.)

신형 가속도계는 남극 쇼와 기지에서 대활약을 했다. 1998년 11월부터 2000년 3월까지 아델리펭귄과 웨들바다표범을 대상으로 만족할 만큼 데이터를 얻을 수 있었다. 남극의 겨울에 해당하는 4월부터 5개월 동안은 기지 주변에서 대상 동물이 사라진다. 나는 그 남아도는 휴식 기간 동안 가속도 데이터의 해석 수법을 연구했다.

가속도 시계열 데이터로 수생동물의 잠수 유영 행동을 파악하는 것은 누구도 시도한 적 없는 새로운 실험이었다. 최초의 실험이니 데이터를 해석하는 방법이 있을 리 없었다. 나는 시계열 데이터의 해석 수법을 참고해 다양한 실험을 해 보았다. 바다표범과 펭귄의 가속도 시계열 데이터에는 동물의 체축 각도에 따른 중력 가속도 성분과 동물이 날개와 뒷지느러미를 움직여 체축이 흔들릴 때 일어나는 가속도 변화가 섞여 있다. 체축 각도가 변하면 기록되는 중력 가속도 성분도 변하고, 날개와 뒷지느러미를 움직여도 가속도는 변한다. 그래서 나는 움직임의 주기(주파수의 역수)에 주목했다. 펭귄과 바다표범이 날개, 뒷지느러미를 한 번 움직이는 데 필요한 시간은 0.3~2초 정도, 주파수로는 0.5~3Hz였다. 그래서 시계열 데이터를 분석할 때 자주 사용하는 디지털 필터로 저주파 성분과 고주파 성분을 분리해 보았다. 그러자 고주파 성분만을 추출한 시계열도에는 날개와 뒷지느러미를 움직일 때 일어나는 파형이 깨끗하게 나타났다. 이 파波의 수를 세어서, 바다표범과 펭귄이 뒷지느러미나 날개를 움직이는 빈도를 파악하게 되었다.

분리된 저주파 성분은 체축 각도를 반영한 중력 가속도 성분을 표시하고 있었다. 예를 들어 동물이 머리를 아래로 숙여 잠수하고 있는 경우, 측정된 가속도 저주파 성분은 마이너스 값이 된다. 연직 하향으로 잠수할 때 가속도 값은 -1G가 된다. 따라서 가속도 값이 -0.5G라면 체축 각도는 아래쪽으로 30도 기울어져 있다는 계산이 된다.

이론적인 보충을 하자면, 가속도 값에서 체축 각도를 산출할 수 있는 것은 동물이 정지했을 때 또는 등속 직선 운동을 하고 있을 때 뿐이다. 잠수 중에 유영 속도가 심하게 가속 또는 감속한다면 앞서 말한 방법으로 올바르게 체축 각도를 구할 수 없다. 하지만 다행히 프로펠러로 측정한 유영 속도를 보면 바다표범과 펭귄이 잠수해서 밑으로 내려갈 때와 물 위로 떠오를 때 속도가 초속 2m 전후로 일정했다. 또 대부분의 동물은 잠수해서 밑으로 내려갈 때와 떠오를 때 방향을 빠르게 바꾸지 않았다. 그 덕분에 수생동물의 가속도 데이터로 체축 각도나 날개, 뒷지느러미의 움직임을 파악할 수 있었다.

 나선을 그리며 잠수하는 바다표범

가속도 값으로 몸의 기울기를 계산하고 여기에 삼축 방향의 지

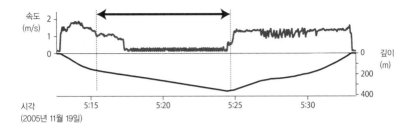

그림 4.4 북방코끼리물범의 드리프트 형태. 잠수 도중(화살표 부분)에는 프로펠러로 측정한 유영 속도가 떨어지고, 깊이 변화도 더뎌진다.(미타니 요코 외, 2010)

구 자기를 조합하면 머리가 향한 방향을 산출할 수 있다. 당시 국립 극지연구소에 속해 있던 미타니 요코(현재는 홋카이도 대학 재직) 가 시행착오 끝에 삼차원 경로를 계산했다.

그때까지 동물의 잠수 행동은 가로축에 시간, 세로축에 깊이나 속도, 가속도 등 매개 변수를 표시하는 이차원도로 나타냈다. 예를 들면, 북방코끼리물범의 깊이 데이터에서 개체가 잠수하거나 떠오 르는 도중에 어떤 시점을 경계로 연직 이동 속도가 떨어지는 드리프 트drift 현상이 보고되기도 했다.그림 4.4 이 시계열도를 보고 있으면 바 다표범이 직선 형태로 이동하는 것처럼 생각된다. 하지만 시계열도 의 가로축은 시간을 나타내므로 바다표범이 직선으로 이동한다는 것은 착각이다. 북방코끼리물범의 수중 삼차원 경로를 계산하면 드 리프트의 실체를 알 수 있다. 바다표범은 드리프트 중에 배를 위로 향하고 뒷지느러미를 움직이지 않은 채 마치 나뭇잎이 떨어지는 것 처럼 빙글빙글 돌면서 천천히 잠수한다.그림 4.5 북방코끼리물범은 보

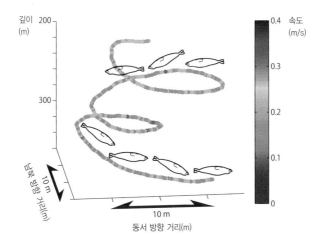

깊이 200
(m)

속도
(m/s)

0.4

0.3

0.2

0.1

0

300

남북 방향 거리(m)
10 m

10 m
동서 방향 거리(m)

그림 4.5 물 위로 떠오를 때의 일반적인 순항 속도(1.7m/s)에 비해, 훨씬 느린 속도(0.1~0.3m/s)로 나선형으로 내려온다.(미타니 요코 외, 2010)

통 두 달 반 동안 먹이 여행을 한다. 연구자들은 북방코끼리물범이 이렇게 오랜 기간 먹이 여행을 하면서 어떻게 쉬고 잠을 자는지 궁금해했는데, 수중 삼차원 경로가 그 의문에 답을 주었다. 바다표범은 빙글빙글 돌면서 드리프트를 하는 동안 휴식이나 수면을 취한다. 드리프트를 한 뒤 그대로 쿵 하고 바다 밑바닥에 떨어져 5분간 가만히 누워 있는 바다표범도 있다고 하는데, 그 모습을 상상하니 슬며시 웃음이 배어 나온다.

그림 4.6 머리에 데이터 로거를 단 향유고래

 서서 휴식을 취하는 고래

야생동물이 어떻게 잠을 자는지는 잘 알려져 있지 않다. 움직이지 않고 가만히 있어도 실제로는 깨어 있는 경우가 많아서 자고 있는지 확인하려면 눈을 감았는지 관찰하고 뇌파도 측정해야 한다. 자연에서 생활하는 야생동물을 조사하기란 이렇게나 쉽지 않다. 하물며 쉽게 관찰할 수 없는 해양 동물의 수면에 관한 보고 사례는 극히 한정되어 있다.

바이오 로깅을 이용해 향유고래의 휴식을 관찰한 재미있는 연구 사례가 있다. 세인트앤드루스 대학 소속의 패트릭 밀러와 도쿄

바다 동물은 왜 느림보가 되었을까?

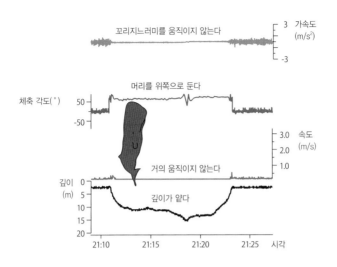

꼬리지느러미를 움직이지 않는다

가속도 (m/s²) 3 -3

머리를 위쪽으로 둔다

체축 각도(°) 50 -50

속도 (m/s) 3.0 2.0 1.0

거의 움직이지 않는다

깊이 (m) 0 5 10 15 20

깊이가 얕다

21:10 21:15 21:20 21:25 시각

그림 4.7 수면에 곧게 서서 쉬고 있는 향유고래의 행동 데이터

대학의 아오키 가가리는 향유고래에게 데이터 로거를 달아^{그림 4.6} 수면 부근에서 벌이는 기묘한 행동을 발견했다. 향유고래가 가끔씩 머리를 위나 아래로 두고 똑바로 선 채 멈춰 있었던 것이다.^{그림 4.7} 정지 상태인 향유고래는 근처를 지나가는 배에 반응하지 않았다. 대부분의 향유고래가 똑같은 행동을 하는 것으로 보아 아마도 이런 형태로 수면을 취하는 것이라고 추측했다.

향유고래는 깊이 1km가 넘는 곳까지 잠수하는 능력을 가지고 있다. 잠수한 곳에서 오징어 같은 대형 먹이를 잡아먹는다고 짐작하지만, 포획 방법에 대해서는 알 수 없었다. 편도 1km의 거리를 헤엄친 뒤 먹이에게 돌진하면 숨이 찰 것이다. 그래서 깊은 곳에 가만히

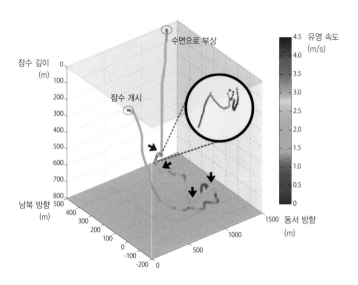

그림 4.8 수백 미터 깊이에서 때때로 급선회해 돌진(화살표)하기를 반복하는 향유고래

매복한 채 먹이가 지나가기를 기다린다는 설도 있다. 하지만 행동 기록에 따르면 향유고래는 활발하게 움직이며 먹이를 잡는 사냥꾼 이다.

향유고래는 수면에서 먹이가 있는 깊이까지 초속 1.6m 속도로 왕복한다. 그런데 400m보다 깊은 곳에서 가끔 가속했다. 그럴 때는 평균 초속 3.4m, 최대 초속 8m나 되었다. 가속한 뒤에는 갑자기 속 도를 떨어뜨리면서 급선회하는 것이 전형적인 움직임이었다.그림 4.8 사냥으로 추측되는 가속 행동이 이루어지는 순간에 향유고래는 평 균 120m, 최대 405m를 이동하고 있다. 이런 중노동을 치르면서 잡 고 싶은 먹이는 무엇이었을까. 아마 대형 오징어일 것이라고 추측하

바다 동물은 왜 느림보가 되었을까?

지만 그 순간을 목격한 사람은 아직 없다.

음향 분석에서 힌트를 얻다

가속도 시계열 데이터의 저주파 변동 성분으로 체축 각도를 조사하고, 고주파 변동 성분으로 날개나 뒷지느러미의 움직임을 조사하는 방법을 더욱 발전시켜, 여기에 음향 데이터를 해석할 때 쓰는 수법을 응용하게 되었다. 3장에서 소개했듯이, 스펙트로그램은 소리에 포함된 시간, 주파수, 강도, 이 세 가지 요소를 그림으로 나타내는 방법이다.그림 3.2 시간마다 여러 주파수가 뒤섞인 모습이 무늬를 이루고 있으며, 주파수 성분의 배합 상태는 음색을 나타낸다. 가속도의 시계열 데이터 역시 여러 주파수의 변동 성분이 복잡하게 아우러져 있다. 이 가속도 시계열 데이터를 계산해서 스펙트로그램을 그리면 움직임이 무늬로 나타난다. 이 '움직임의 음색'을 바탕으로 동물의 행동을 분류할 수 있다. 홋카이도 대학의 사카모토 겐타로는 해석 알고리즘을 고안해서 비전문가도 다룰 수 있는 해석 프로그램인 '에소그래퍼'Ethographer를 개발했다. 에소그래퍼는 시판 중인 이고르 프로Igor Pro라는 소프트웨어에서 조작할 수 있다.

에소그래퍼로 스펙트로그램을 그리고 움직임을 무늬로 만들어 시각화한다. 수많은 행동을 대표적인 다섯 가지 유형으로 자동 분석하게 설정할 수도 있다. 2장에서 서술한 대로 인간은 시각에 의존해 살고 있는 동물이다. 가속도라는 수치 데이터의 나열을 보고 그것이 의미하는 행동을 떠올리기는 어렵지만, 스펙트로그램으로 시각화하면 유형을 쉽게 인식할 수 있다.

 ## 움직임 무늬로 보는 가마우지의 행동

가속도 시계열 데이터를 시각화해서 행동 유형을 추출하는 예를 들어 보겠다. 가마우지의 목에 가속도계를 달면 그림 4.9 같은 파형波形을 얻을 수 있다. 이 파형만 봐도 가마우지가 머리를 움직였는지 안 움직였는지 구별할 수 있다. 그런데 시계열 데이터를 사용해 그린 스펙트로그램으로는 가속도 파형 속에 어떤 주기의 변동 성분이 포함되어 있는지를 확인할 수 있다. 스펙트로그램의 색은 움직임의 세기를 나타낸다. 4시 23분까지는 주기 0.2초, 주파수 5Hz의 일정한 움직임이 계속되는 것을 알 수 있다. 이것은 가마우지가 1초에 다섯 번씩 날갯짓하며 날고 있다는 뜻이다. 비행이 끝나고 물에 내려앉으면서 30초 정도는 거의 움직이지 않는다. 그 뒤 다리로 물을 헤치면서 30m 깊이까지 자맥질하는 동안 움직임의 주기는 길어진다. 이것은 몸속에 저장된 공기가 수압에 의해 압축되어 부력이 줄어드는 것을 뜻한다. 가마우지는 30m 깊이에서 약 1분간 머무는데, 그때 주기 0.1초(주파수 10Hz)의 움직임이 여러 번 보인다.(그림 속 검은 화살표 참조.) 이 동작은 부리를 모래땅에 처박고 먹이를 찾는

바다 동물은 왜 느림보가 되었을까?

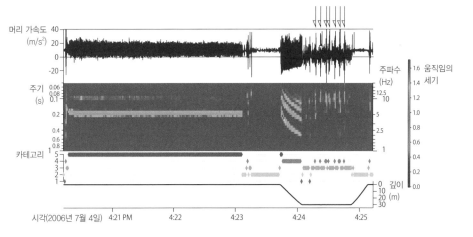

그림 4.9
(위) 목에 가속도계를 단 가마우지가 바닷속에서 잡은 베도라치를 수면까지 건져 올리는 모습
(아래) 위부터 가속도 시계열도, 그것을 바탕으로 그린 스펙트로그램, 다섯 개 유형으로 나눈 행동 카테고
리, 심도 시계열도

움직임에 해당한다. 그 후 발놀림을 멈추고 부력을 사용해 떠오르며 잠수를 완료한다.

스펙트로그램 아래에 있는 카테고리는 에소그래퍼로 'K-평균 알고리즘'이라는 통계 수법을 사용해서 주파수 유형을 다섯 개로 자동 분류한 결과이다. 예를 들어 '카테고리 5'는 날갯짓, '카테고리 2'는 정지, '카테고리 4'는 잠수할 때의 발놀림이나 바다 밑에서 먹이를 찾는 행동을 나타낸다. 가속도계로 얻은 데이터로 동물의 움직임과 정지만을 파악하던 시대를 거쳐, 이제는 행동 유형을 초 단위로 세세하게 분류할 수 있게 되었다. 이것은 실로 커다란 진전이다.

 열심히 하지 않는 것도 기록하는 가속도계

관찰 중에 발견한 예상 밖의 동작이 대발견으로 이어지는 경우가 있다. 이미 속속들이 관찰하고 연구도 진행된 육상동물에게서는 상상을 뛰어넘는 발견을 할 여지가 적을지도 모른다. 하지만 바다에 사는 동물은 대부분 아직 충분한 관찰이 이루어지지 않았다. 이런 상태를 늦었다고 보는 사람도 있지만, 나는 좋은 뜻에서 미개척 단계라고 생각한다.

우리 연구자들은 동물 몸에 다는 소형 가속도계가 눈으로 관찰할 수 없는 동물의 움직임을 파악하는 데 도움이 된다는 것을 깨달았다. 일본에서 개발한 이 방법은 현재 세계 각국의 연구자들이 사

바다 동물은 왜 느림보가 되었을까?

용하고 있으며, 수생동물의 행동을 기록하는 방식이 되었다. 그리고 최근에 이 연구 방법에 관찰로는 얻을 수 없는 이점이 있다는 것을 깨달았다. 그것은 부착식 소형 가속도계가 동물이 '움직이고 있지 않은' 상태도 기록한다는 점이다.

동물의 행동을 관찰하는 사람은 당연히 동물의 움직임에 주목한다. 먹이 포획이나 동종 타 개체와의 의사소통, 새끼에게 먹이를 먹이는 행동 등 각자 흥미에 따라 주목하는 지점은 다르지만, 어느 연구든 동물이 보이는 행동을 기록한다. 그런데 관찰할 수 없는 동물의 경우, 우선은 가속도계를 동물에게 달아서 가속도 시계열 데이터를 담담히 기록한다. 그 후 시계열을 도표로 만들어 보거나 스펙트로그램을 그려서 나중에 차분히 데이터를 관찰한다. 시계열 데이터에는 흥미로운 움직임이 나타날 때도 있지만, 별로 눈길을 끌지 못하는 부분과 가속도에 아무런 변화가 없는 구간도 많다. 관찰이라면 그런 부분은 그냥 넘기게 되고, 또 눈에 들어와도 기록하지 않을 가능성이 높다. 하지만 가속도계로 기록하면 나중에 그 부분을 추출할 수 있다. 이번 4장에서는 동물이 움직이지 않는 순간에 관한 연구 성과를 의도적으로 골라 소개했다.

야생동물은 항상 최대로 분발하는 것이 아니라 담담히 움직이고 꽤 오랜 시간 쉰다. 기록계를 사용한 덕분에 이런 실태를 파악할 수 있게 되었다. 마지막 장에서는 예상하지 못한 야생동물들의 실태를 소개하겠다.

5장
야생동물은
게으름 피우기의
달인

🔴 불순한 동기

1989년에 바다거북을 대상으로 바이오 로깅 연구를 시작한 이후, 조사 장치 개발에도 신경을 쓰게 되었다. 새로운 매개 변수를 측정할 수 있는 장치가 완성되면 모든 동물에게 시험해 보고 싶어진다. 장치가 점점 작아짐에 따라 부착할 수 있는 동물도 늘어났다. 개발 초기에는 첫 연구 대상인 바다거북이야말로 가장 흥미로운 동물이라고 믿었는데, 실제로 다른 대상에게 장치를 달고 데이터를 받아본 뒤로는 모든 동물에 관심이 생겼다. 호기심이 이끄는 대로 연구를 진행한 결과, 나의 관찰 대상은 어류, 수생 파충류, 바닷새, 해양 포유류로 확대되었다. 필연적으로 조사 지역도 열대에서 극지에 이르기까지 전 지구로 넓어졌다.

언제부터였는지는 몰라도 조사차 방문한 장소를 기록으로 남기고자 세계지도 위 각 지역에 점을 찍는 습관이 붙었다.그림 5.1 처음 일자리를 얻은 곳은 국립극지연구소였다. 남극을 중심으로 야외 조사를 진행한 경험 덕분에 일반인들이 갈 수 없는 남극권에 점을 찍을

턱수염바다물범

유럽쇠가마우지
바다오리

매

향유고래

바이칼물범

상괭이
철갑상어

가비알

붉은바다거북

무태장어

흰수염바다오리
넙치

슴새
백연어
개복치
붉은바다거북
청색바다거북

붉은바다거북
향유고래

범고래
큰부리바다오리
바다오리

범고래

큰바다사자

북방코끼리물범

홍살귀상어
뱀상어

장수거북

바다소

쇠푸른펭귄

남방코끼리물범
마카로니펭귄
검은눈썹앨버트로스

아델리펭귄

웨들바다표범
황제펭귄

남아메리카바다사자

젠투펭귄
턱끈펭귄
검은눈썹앨버트로스
사우스조지아섬가마우지

임금펭귄
떠돌이앨버트로스
회색앨버트로스
흰턱바다제비

웨들바다표범
아델리펭귄

그림 5.1 사토 가쓰후미가 조사차 방문했던 장소(빨간 동그라미)와 대상 동물. 파란 동그라미는 공동 연구자가 방문한 곳. 화살표는 치타를 실험하기 위해 찾았던 나미비아의 조사지.

수 있었다. 도쿄 대학 대기해양연구소로 적을 옮긴 뒤에는 남극 이외의 바다에도 나가게 되었다. 세계 지도에 빨간 점이 슬슬 늘어나자 점점 욕심이 생겼다. 언젠가는 이 지도를 빨간 점으로 가득 채우고 싶다는 생각도 들었다.

2011년 중반이었나. 텔레비전 방송국에서 취재 요청 전화가 걸려 왔다. 방송국에서 문의한 내용은 '동물의 빠르기'에 대한 것이었다. 설날 특별 프로그램으로 헤엄치는 동물, 하늘을 나는 동물, 달리는 동물 등 각 분야의 챔피언을 소개하고 싶다고 했다. 그다지 참신한 기획은 아니라고 생각하며, 나는 전문 분야인 헤엄치는 동물에 대해 이야기했다.

"참다랑어 시속이 100킬로미터네, 펭귄 시속이 수십 킬로미터네, 빠른 숫자를 들먹이며 사람들을 놀래는 프로그램이 많지만, 평소에 헤엄치는 속도는 초속 2미터, 시속으로는 7.2킬로미터입니다. 지금까지 여러 동물에게 장치를 부착해서 실제로 측정한 경험으로 하는 말이니 틀림없습니다!"

예상했던 답이 나오지 않아서였을까, 전화 저쪽에서 장단을 맞추던 담당 프로듀서의 목소리가 순식간에 가라앉는 것이 느껴졌다. 그러나 그 역시 만만치 않은 상대였다. 담당 프로듀서는 당황한 기색 없이 화제를 돌렸다.

"그럼, 달리는 동물은 어떤가요?"

"아, 육상동물 말입니까? 전문이 아니라서 자세한 답을 드리지는 못하지만 치타가 챔피언 아닐까요?"

의표를 찔린 나는 전문가답지 못한 답을 했다.

프로듀서는 말을 이었다.

"네. 치타가 빠르다는 것은 어느 책에나 나와 있지만, 사냥할 때 실제로 얼마만큼 빨리 달리는지 기록한 문헌이 없어서 곤란합니다."

그 말을 듣고 나는 자랑하듯 답했다.

"그거 뜻밖이네요. 하지만 치타라면 몸집이 크니까 우리가 바닷새 몸에 다는 소형 GPS 데이터 로거를 목걸이에 붙여 걸면 달리는 속도를 간단하게 측정할 수 있습니다."

허세 섞인 내 답변에 프로듀서는 머뭇머뭇 이야기를 꺼냈다.

"정말입니까? 말씀드리기 어려운 부탁인데, 혹시 그 장치를 빌릴 수는 없을까요?"

그 순간, 아직 아프리카에는 가 본 적이 없다는 생각과 함께 사욕 가득한 아이디어가 내 뇌리를 스쳤다.

"멋진 기획이라 꼭 협력하고 싶습니다. 그런데 장치가 워낙 예민해서 숙련된 사람이 다루지 않으면 제대로 작동이나 할는지……."

담당 프로듀서는 정식으로 윗선에 요청하는 문제가 남아 있지만 '꼭 선생님을 현장에 모시고 싶다'라고 말했다.

"네? 제가 아프리카로 간다는 말씀입니까? 자, 잠시만요. 일정을 확인해 보겠습니다. 어디 보자……."

겉으로는 이렇게 말했지만 머릿속에서는 이미 대기해양연구소 소속 해양 동물 전문가가 아프리카로 떠날 대의명분을 찾고 있었다.

 심해의 치타

「심해의 치타: 참거두고래의 먹이를 향한 돌진」이라는 논문이 있다. 참거두고래는 몸길이 6m 안팎의 중형 이빨고래이다. 동물 행동 기록계를 달아서 조사한 결과, 참거두고래는 깊이 500~1,000m까지 잠수하고 그곳에서 최대 순간속도 초속 9m(시속 32km)로 헤엄친다고 밝혀졌다. 이 논문에서는 단시간에 전력 질주해서 먹이를 잡는 육상동물의 대표로 치타를 들었지만, 본문 어디에도 치타가 구

체적으로 어느 정도 속도로 달리는지에 대해서는 기록이 없다. 논문 작성자는 참거두고래가 심해에서 전속력으로 헤엄치는 데 필요한 에너지를 계산하고, 그 정도 비용을 치를 만한 사냥감이라면 영양가가 매우 높은 생선이나 오징어일 것이라고 고찰한다. 하지만 비교 대상으로 꼽은 치타의 실제 측량치는 없었다. 치타의 기록이 없다면 이미 수치 데이터가 나와 있는 수생동물과 비교해서 논할 수 없다. 수생동물과 육상동물을 공정하게 비교하기 위해서라도 치타의 사냥 속도가 꼭 필요할 것 같았다.

그 후 방송국 제작진과 회의를 거듭하면서 목적지가 나미비아 공화국으로 정해졌다는 소식을 들었다. 그때까지는 나미비아에 대한 지식이 전혀 없었다. 지도를 보고서야 남아프리카 공화국의 북서쪽에 인접한 곳이라는 것을 알았다. 국토 대부분이 수풀로 덮여 있으며, 예전에 본 영화 『부시맨』에 출연한 니카우가 살던 나라라고 한다. '수풀에 사는 인간'이라는 뜻을 가진 부시먼은 칼라하리 사막에 사는 수렵 채집 민족인 산족을 낮춰 부르는 명칭이라서 최근에는 쓰지 않는다고 한다. 실제로 나미비아에 가 보니, 정말 국토의 많은 부분이 깊은 숲으로 덮여 있었다.

아프리카 동부는 강수량 부족으로 초목이 줄어들고 사막화가 진행되면서 초식동물 수가 감소하는 바람에 초식동물을 잡아먹는 치타도 수가 적어졌다. 하지만 탁 트인 전망을 담을 수 있어서 현지 촬영은 늘 아프리카 동부의 세렝게티 국립공원으로 갔었다고 한다. 사정이 이렇다 보니, 결과적으로 초원을 질주하는 치타의 영상만 방영

그림 5.2
① 수풀에서 나타나는 치타. 이 상황으로는 수풀 속에서 사냥하는 모습을 알 수 없다.
② 치타 형제, 맥스와 모리츠. 오른쪽 맥스의 목걸이에 GPS와 가속도계를 부착했다.
③ 장치를 단 맥스
④ 쿠두를 쫓는 맥스

하게 되었다. 이런 동부에 비해 나미비아가 있는 아프리카 서쪽은 강수량이 많고 식물도 풍부하다. 초식동물이 많은 만큼 치타도 많은데, 너무 늘어난 치타가 가축을 습격하는 일이 문제가 될 정도다. 수풀이 우거진 환경에서 치타가 사냥하는 모습을 포착하기는 어렵다.그림 5.2 이처럼 눈으로 관찰할 수 없는 곳에서는 바이오 로깅이 큰 역할을 한다. 내 가슴은 기대로 가득 찼다.

드디어 아프리카로

나미비아에 도착해 보니 수풀이 상상 이상으로 우거져 교통편이 마땅치 않았다. 차로 이동하기도 불편한데, 치타뿐만 아니라 사자와 표범이 서성이는 수풀로 걸어 들어가 관찰할 용기는 나지 않았다. 그래서 하르나스 야생동물 기금Harnas Wildlife Foundation이 운영하는 보호 구역 안에서 조사하게 되었다. 앞서 잠시 언급했듯이 나미비아에서는 치타가 가축을 습격해서 문제가 되고 있다. 하르나스 야생동물 기금은 목장주의 총에 어미를 잃은 새끼 치타들을 키우고 사냥을 가르친 뒤 야생으로 돌려보내는 실험을 진행한다. 철조망으로 둘러싸인 8,000헥타르의 광대한 부지 안에 초식동물을 방목하고 반야생의 치타는 그 안에서 사냥을 익힌다. 부지 안에 있는 물웅덩이 주변은 식물이 드문드문하고 어느 정도 트여 있어서 관찰하기에 알맞았다. 목걸이에 GPS와 가속도계를 부착한 치타들을 물웅덩이 옆에 풀어 놓고, 우리는 근처에 있는 관찰 건물에서 동태를 살폈다. 실험 대상은 생후 3년 된 수컷 형제 맥스와 모리츠였다. 촬영 팀은 몸집이 큰 맥스에게 장치가 달린 목걸이를 걸었다.

처음 방문한 아프리카는 예상대로 무더웠다. 공기는 건조해서 쾌적했지만 직사광선이 매우 강했다. 우리는 관찰 건물 옥상에 올라가 차양 아래 자리를 잡고 아침부터 밤까지 치타를 관찰했다. 치타도 더위에 지친 듯 나무 아래에 누워 있는 시간이 많았다. 실험 첫날 오후 2시 무렵, 쿠두라는 초식동물 무리가 나타나 치타들로부터 100m 정도 떨어진 곳에 있는 암염을 핥기 시작했다. 쿠두 무리를 보며 '이 녀석들을 바비큐로 구워 안주 삼아 맥주를 마시면 최고겠구나.' 하고 몽상을 펼치는데, 갑자기 치타가 달리기 시작했다. 황급히 카메라를 챙겨 치타가 쿠두를 쫓는 모습을 촬영했지만 결국 사냥에는 실패했다. 그 후 지친 치타는 다시 나무 그늘에 주저앉았고, 그 뒤로는 사냥에 나서지 않았다.

먹이를 잡는 데는 실패했지만 첫날부터 사냥을 시도한 치타의 행동 데이터를 얻을 수 있었으니 다행이라 여기며 데이터 로거를 컴퓨터에 연결해 내려받으려 했다. 그런데 이런! 오류 표시가 뜨는 게 아닌가. 데이터는 기록되지 않았다.

일을 야무지게 처리하지 못한 자신을 탓하며 얼른 일본 제작사에 연락을 취해 이유를 물었다. 오작동이 된 원인을 몇 개 밝혀낸 뒤 다시 준비에 최선을 다하고 다음 날을 기대했다. 그런데 이상하게도 둘째 날 이후 좀처럼 좋은 기회가 없었다. 초식동물들이 충분히 치

바다 동물은 왜 느림보가 되었을까?

타들에게 다가오기 전에 성격이 급한 모리츠가 무리를 쫓기 시작했다. 장치를 단 맥스도 적당히 뒤를 쫓았는데 아니나 다를까, 먹잇감은 도망가고 말았다. 결국 닷새가 지날 때까지 두 치타는 제대로 된 사냥을 하지 않았다.

어쨌든 사냥에 나선 치타

나무 그늘에서 쉬고 있는 두 치타 앞으로 혹멧돼지 떼가 지나갈 때, 모처럼 맥스가 먼저 나서서 달리기 시작했다. 맥스는 어린 혹멧돼지를 150m 넘게 추적했다. 그리고 새끼가 방향을 틀어 돌자, 50m를 더 쫓아가서 멋지게 포획했다. 새끼를 잡은 뒤에는 화가 난 혹멧돼지 어미가 돌진해 오는 바람에 결국 사냥감을 놓치고 말았다. 하지만 추적을 시작했을 때부터 새끼를 잡기까지 일련의 행동을 관찰할 수 있었다.

목걸이에서 장치를 떼어 즉시 데이터를 내려받아 보니, GPS의 위치 정보와 가속도 데이터 모두 무사히 기록되어 있었다. GPS에 나타난 위도, 경도를 평면도에 옮겨 살폈다. 평면도에는 관찰 건물에서 보았던 경로와 같은 궤적이 나타나 있었다. 그래서 1초 간격으로 측정된 속도를 계산해서 가속도 데이터와 함께 시계열도로 만들어 보았다.그림 5.3

"최고 속도는 몇 킬로미터입니까?"

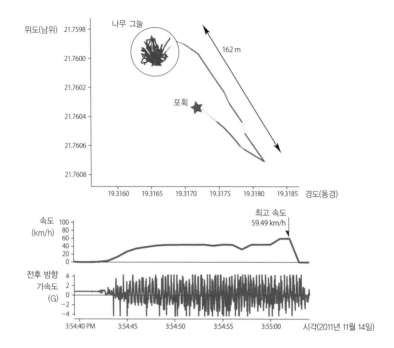

그림 5.3

(위) 혹멧돼지를 포획할 때 맥스의 이동 궤적

(아래) 이동 속도와 가속도 시계열 데이터

조급하게 물어 오는 담당 프로듀서에게 나는 엄숙하게 결과를
알렸다.

"시속 59.49km입니다."

어색한 침묵 뒤에 "그렇습니까…… 그래도…… 음…… 데이터
를 무사히 건져서 다행입니다. 그럼요."라는 목소리가 곳곳에서 나
왔다. 하지만 나를 포함해서 그 자리에 있던 모두가 실망한 것은 명

바다 동물은 왜 느림보가 되었을까?

백했다.

어린이용 도감에는 치타가 시속 100km보다 빠르게 달린다고 나와 있다. 훈련받은 치타가 트랙에서 시속 112km로 달렸다는 해외 기록도 있다. 살아 있는 먹이를 쫓는 치타는 사냥이라는 강한 동기가 있으니 이 기록을 웃도는 속도로 달릴 것이 분명하다. 관찰 건물에서 매일매일 치타를 바라보는 동안 우리도 모르는 사이에 기대가 높아졌다. 하지만 실제로 측정한 치타의 속도는 기대에 비해 너무나 느렸다.

텔레비전 리포터는 카메라를 보며 내게 말했다.

"예상보다 속도가 느리네요."

말투는 부드러웠으나 눈에는 "왜 이렇게 느린 겁니까!"라는 호소가 담겨 있었다. 재치 있는 답변을 해야 한다고 생각했지만 내 입에서 나온 말은 고작 "으음, 시속 50km라도 먹이를 잡을 수 있다는 것을 알게 되었군요." 정도였다.

그 일이 일어난 이후, 결과를 곱씹는 동안에 기시감이랄까, 예전에도 이런 일이 있었던 것 같다는 생각이 자꾸 들었다. 결국 치타가 그보다 빨리 달리는 일 없이 아프리카에서의 일정은 모두 끝났다. 그리고 방송국 제작진들이 심각한 표정으로 회의를 시작했을 무렵, 나는 기시감의 수수께끼를 풀었다.

그림 5.4 기록계를 단 붉은바다거북이 산란 후에 바다로 돌아가는 모습

바다거북은 산란기에 먹이를 먹지 않는다

돌이켜 보니, 나의 연구 인생은 초창기부터 이런 식으로 계속 이어졌다. 대학 4학년 때, 붉은바다거북을 대상으로 첫 연구에 들어갔다. 거북이 잠수해서 어떻게 먹이를 먹는지 조사하기 위해 오랜 기간 동안 산란장에 머무르며 관찰했다. 뭍에 올라와서 알을 낳은 암컷 거북은 바다로 돌아간다. 나는 바다로 돌아가기 직전에 거북을 잡아서 등과 위 속에 심도계와 온도계를 달았다.그림 5.4 그 후, 매일밤 모래사장을 정찰하며 2~3주 뒤에 다시 알을 낳으러 뭍으로 올라온 개체를 잡아서 장치를 회수했다.

심도 기록을 보니 거북은 일정한 깊이에 수십 분 동안 머무르고 나서 수면에서 몇 분 동안 호흡하고 다시 잠수하기를 되풀이하고 있

바다 동물은 왜 느림보가 되었을까?

었다. 잠수 중에는 돌아다니지 않고 바다 밑이나 중간 깊이에서 가만히 쉬고 있었다. 위 속 온도 기록을 보면, 산란을 끝내고 바다에 들어간 뒤 몇 시간 동안은 물을 몇 번 마셨지만, 그 후에 다시 상륙할 때까지 음식물이 위로 들어온 흔적은 볼 수 없었다.

이로써 산란기에 암컷 거북은 먹이를 먹지 않고 미리 축적해 둔 지방을 써서 대사를 꾸려 간다고 판명됐다. 산란기에 들어간 거북의 먹이 채집 생태를 밝히겠다고 선언하고 몇 년에 걸쳐 끈질기게 야외 조사를 실행한 결과, '암거북은 산란기에 기본적으로 별로 움직이지 않고 먹이를 적극적으로 먹지도 않는다.'라는 결론이 나온 것이다. 확실한 결과였지만 맥이 풀렸다. 연구 주제를 변경해서 어찌어찌 학위는 취득했지만, 당초 내걸었던 의도와는 완벽히 어긋났다.

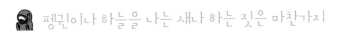 펭귄이나 하늘을 나는 새나 하는 짓은 마찬가지

거북에 이은 두 번째 연구 대상은 펭귄이었다. 나는 세계 최초로 아남극의 임금펭귄과 남극의 아델리펭귄에게 가속도계를 달아 잠수 중 유영 행동을 측정했다. 그때까지는 펭귄이 얼마나 깊게 오래 잠수하는지 보고된 바 없었고, 그 잠수를 달성하기 위해 어느 정도로 노력이 필요한지 연구한 사람도 없었다. 사실 조사할 수단이 없었다. 직접 조사하기 전에는 펭귄이 잠수해서 헤엄칠 때 당연히 날개를 계속 움직일 것이라고 예상했다. 그런데 뜻밖에도 펭귄은 떠오

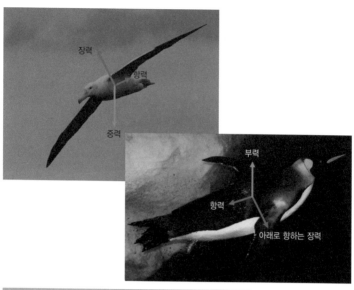

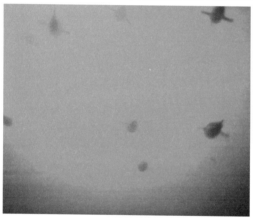

그림 5.5

(위) 활공하는 떠돌이앨버트로스에게는 중력과 항력과 장력이 작용한다. 물 위로 떠오르는 임금펭귄에게는 위쪽으로 부력과 항력이, 아래쪽으로 장력이 작용한다.

(아래) 아델리펭귄에게 달아 놓은 카메라가 촬영한 영상. 앞에서 헤엄치는 여덟 마리 모두 떠오르는 동안 지느러미를 펴고 있다.(다카하시 아키노리 외, 2004)

르는 도중에 날갯짓을 멈췄다.^{그림 4.2} 예상과 빗나간 결과에 처음에는 맥이 빠졌다. 하지만 곰곰이 생각해 보면 부력을 사용해서 편하게 떠오를 수 있는데 굳이 날개를 계속 움직이는 것은 이치에 맞지 않는다.

평소 우리 주위를 날아다니는 새, 까마귀를 예로 들어 보자. 전봇대에 있던 까마귀가 도로에 내려앉을 때는 활공한다. 중력을 사용해서 내려앉을 수 있으니 굳이 날개를 파닥파닥 움직일 필요가 없다. 펭귄이 깊은 바다에서 떠오르는 장면을 목격한 사람이 없어서 누구도 상상하지 못했지만, 펭귄은 중력 대신에 부력을 사용하는 것일 뿐 행동의 의미는 다른 새와 같다.^{그림 5.5 위} 날개를 움직이지 않고 떠오르는 행동은 합리적이다.

나는 행동 기록계의 가속도와 속도 기록을 보고 '펭귄은 떠오를 때 하늘을 나는 새처럼 날개를 좌우로 펴고 있을 것이다.'라고 예언했다. 훗날 펭귄에게 카메라를 달아 살펴보니 과연 내 말대로였다.^{그림 5.5 아래} 이 연구 성과로 나는 더욱 힘을 얻었다.

 항상 최선을 다하는 건 아니다

1장에서 소개한 대로 바이오 로깅이 시작되었을 때 사람들이 주목한 것은 최장 잠수 시간과 최대 잠수 깊이 등 최고 기록이었다. 사람들은 예측을 크게 웃도는 동물들의 잠수 능력에 놀랐으며 과학 논

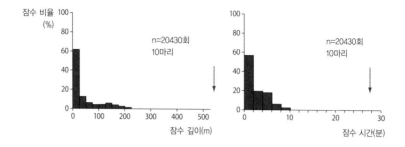

그림 5.6 황제펭귄의 잠수 깊이와 잠수 시간으로, 화살표 위치가 최고 기록(사토 가쓰후미 외, 2011)

문을 통해 보고되는 최고 기록은 점점 경신되었다. 나도 조사할 때마다 매번 최고 기록을 기대하고 장치를 달았다. 기대한 대로 황제펭귄이 조류로서 가장 긴 잠수 시간인 27분 36초를 기록했을 때는 매우 기뻤다.

하지만 황제펭귄이 항상 그렇게 오랫동안 잠수한 것은 아니다. 그림 5.6에서 볼 수 있듯이 10분보다도 짧게 잠수한 비율이 99% 이상이다. 그리고 황제펭귄의 최대 잠수 깊이는 564m지만 대부분의 경우에 200m보다 얕게 잠수한다.

남극 바다를 덮은 얼음 위에 인공적으로 구멍을 뚫고 그 구멍을 통해 황제펭귄을 잠수시키는 실험을 했을 때는 거의 매번 100m에 미치지 못했다.그림 5.7 이유를 알고 싶어서 등에 카메라를 달아 영상으로 살펴보았더니, 펭귄들이 얼음 바로 밑에서 물고기를 쪼아 먹고 있었다.그림 5.8 인간이 얼음에 구멍을 만들지 않았을 때는 펭귄이 얼음 밑에 있는 물고기를 잡지 않았다. 하지만 인간이 구멍을 뚫어 주

바다 동물은 왜 느림보가 되었을까?

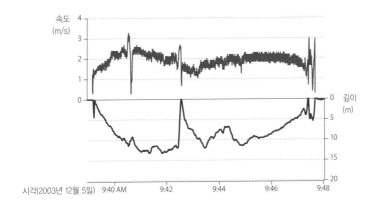

그림 5.7 인공적으로 뚫은 구멍을 통해 잠수하기 시작한 황제펭귄의 잠수 사례

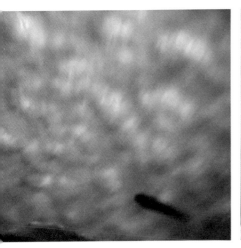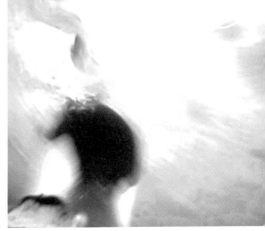

그림 5.8 황제펭귄 등에 단 카메라로 촬영한 영상
(왼쪽) 얼음에 비치는 물고기 그림자
(오른쪽) 얼음 밑에서 물고기를 잡은 순간

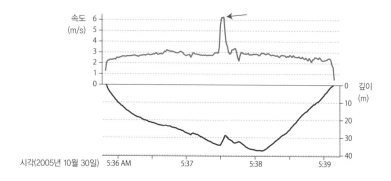

그림 5.9 일시적으로 빠른 속도로 헤엄치는 황제펭귄의 잠수 사례

니, 그 구멍을 통해 바다에 들어가 얼음 바로 밑에 있는 물고기를 잡을 수 있게 되었다. 펭귄은 먹이를 먹기 위해 잠수한다. 얕은 곳에서 먹이를 잡을 수 있다면 바닷속을 500m나 잠수할 이유가 없다.

헤엄치는 속도와 관련해서도 뜻밖의 결과를 얻었다. 그림 5.9에 나타난 것처럼 펭귄은 일시적으로 초속 6.3m(시속 22.7km)로 헤엄친다. 하지만 잠수하면 대부분 초속 2~3m(시속 7.2~10.8km)의 일정 속도로 헤엄치고 있다. 더욱 속력을 낼 수 있는데, 왜 사람이 빨리 걷는 정도의 속도를 고수하고 있을까.

 생각만큼 빠르게 헤엄치지 않는 동물들

펭귄에 대한 연구를 마친 나는 바다표범으로 눈을 돌렸다. 펭귄

바다 동물은 왜 느림보가 되었을까?

에 비해 덩치가 10배 정도 큰 바다표범은 그만큼 빠르게 헤엄칠 것이라 생각했다. 그런데 실제로 얻은 데이터를 보니, 바다표범은 펭귄보다도 약간 늦은 초속 1~2m(시속 3.6~7.2km) 정도의 유영 속도로 먹이가 있는 곳과 수면을 오가고 있었다.

예상 밖의 결과에 의문을 품고, 바다표범보다 몸집이 큰 고래와 펭귄보다 작은 바닷새의 기록을 비교해 보았다. 그 결과, 체중이 500g인 흰수염바다오리부터 90t에 육박하는 흰긴수염고래까지 모두 초속 0.85~2.4m(시속 3.1~8.6km) 정도의 속도를 내고 있었다.

사람들 사이에는 수생동물이 매우 빠르게 헤엄친다는 이야기가 퍼져 있다. 이런 흥미로운 이야기들 대부분은 순간적인 최고 속도에 대한 것이다. 우리가 속도계를 달아서 측정한 기록은 수면에서 먹이가 있는 바닷속까지 왕복할 때 보인 순항 속도였다.

동물들은 먹이를 얻기 위해 헤엄친다. 장난삼아 빠르게 헤엄치면 먹이가 있는 깊은 바다에 도달할 때는 숨이 찬다. 호흡을 하기 위해 다시 수면으로 올라가야 한다면 먹이를 잡을 수 없다. 그렇다고 마냥 천천히 헤엄칠 수도 없는 일이다. 폐호흡을 하는 동물은 숨을 멈출 수 있는 시간이 한정되어 있다. 우리는 연구를 통해서 이동에 필요한 에너지를 최소한으로 사용하는 가장 알맞은 속도가 초속 1~2m라는 사실을 깨달았다.

바다거북을 느림보라 무시하지 마라

해양 포유류와 바닷새에 비해 확연하게 유영 속도가 느린 동물이 있다. 바로 사람과 바다거북류이다. 연구를 통해서 에너지를 최소로 소비하는 최적 속도는 동물의 대사 속도가 클수록 빠르고, 물에 대한 몸의 저항이 크면 느려진다는 것을 깨달았다. 수생동물은 대부분 몸의 요철을 없애고 유선형 체형으로 진화했다. 반면에 인간의 몸은 주요 생활환경인 땅을 두 발로 걷기에 적합한 구조로 되어 있다. 물속에서는 어떤 동작을 취해도 수생동물에 비해 저항이 크다. 사람이 숨을 참으며 잠수할 때의 유영 속도는 초속 0.74m로, 해양 포유류와 바닷새에 비해 느리다.

바다거북의 순항 유영 속도는 어떨까. 먹이를 잡기 위해 잠수를 되풀이하는 펭귄이나 바다표범과 비교하기 위해서는 똑같은 환경에서 먹이를 구하기 위해 잠수하는 바다거북의 데이터를 얻어야 한다. 2004년에 이와테 현 오쓰치 마을에 있는 도쿄 대학 대기해양연구소 국제연안해양연구센터에서 근무하게 되었다. 그때, 인근 정치망에 붉은바다거북과 청색바다거북이 잡힌다는 소식을 들었다. 거북에게 비디오카메라를 달아 관찰해 보니, 두 거북 모두 해파리를 먹이로 삼았고 청색바다거북은 해조류도 먹었다. 헤엄치는 속도는 청색바다거북이 초속 0.59m, 붉은바다거북이 초속 0.63m로 해양 포유류와 바닷새보다 느렸다. 그 주요 원인은 파충류인 바다거북의 대사 속도가 포유류, 조류에 비해 느리기 때문이다. 포유류에 속하는

다시 시작된 바다거북 조사

2011년 7월, 가마이시 시 무로하마의 잔해 속에서 붉은바다거북 박제를 발견했다. 아름다운 등딱지를 가진 대모거북이면 몰라도 평범한 붉은바다거북을 박제로 만드는 일은 매우 드물다. 아마도 어부가 직접 만들어 벽장 안에 깊이 넣어 두었던 박제가 쓰나미에 휩쓸려 나온 게 아닐까. 등딱지 길이가 50cm 정도인 걸 보니 미처 다 자라지 못한 녀석이다. 지금까지는 이와테 현 연안의 정치망에 걸려든 붉은바다거북과 청색바다거북을 양도받아 바이오 로깅 연구를 진행했다. 하지만 쓰나미로 모든 정치망이 파괴된 2011년에는 포획 소식을 받지 못했다. 바다거북에 관한 조사가 재개된 것은 많은 정치망이 다시 설치된 2012년 여름부터였다.

(위·왼쪽) 붉은바다거북의 박제를 픽업트럭에 싣고 온 사토 가쓰후미(2011년 7월 29일)
(위·오른쪽) 인공위성 대응 전파 발신기를 단 청색 바다거북(2012년 9월 8일)
(아래) 어린이들에게 바다거북을 보여 주는 공개 수업(2012년 9월 9일)

우리 인간은 바다거북을 '느림보'라고 업신여기곤 하지만, 거북들이 느린 데는 합리적 이유가 있다. 낮은 대사 속도에 맞춰서 최적 속도를 늦추는 것이다.

수생동물을 대표하는 물고기는 아직 데이터가 많이 축적되지 않아서 해양 포유류, 바닷새 등과 비교 연구가 충분히 이루어지지 않았다. 하지만 흥미로운 데이터가 계속 수집되고 있다. 국립극지연구소의 와타나베 유키는, 북극해에 살며 체중이 200~300kg이나 나가는 대형 어류인 그린란드상어가 겨우 초속 0.34m(시속 1.2km)로 물살을 타고 유영하는 것을 발견했다. 그린란드상어는 영하 2℃의 추운 바다를 헤엄치는 변온동물이라 대사가 아주 낮을 것이라 예상된다. 아마도 한 시간에 1km를 조금 더 가는 그 느린 속도는 북극해에 사는 물고기에게 가장 알맞은 유영 속도일 것이다.

 슴새의 통근 패턴

하늘을 나는 새에게도 최적 속도가 있다. 2장에 등장한 슴새는 8월부터 11월경에 걸쳐 이와테 현 연안의 무인도에서 새끼를 기른다. 부모 새는 바다에 나가 잡아 온 먹이를 새끼에게 먹인다. 새끼는 순식간에 체중이 붙고 먹는 양도 점점 는다. 양육 초기에는 어미와 아비가 교대로 먹이 사냥에 나서다가, 새끼가 자라면 공동 체제로 바뀌어 두 마리가 함께 먹이를 잡으러 나간다. 슴새 등에 GPS 로

바다 동물은 왜 느림보가 되었을까?

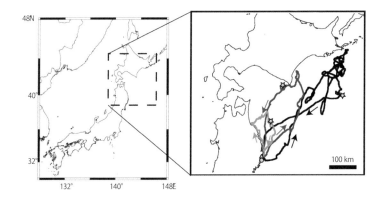

그림 5.10 육아기 슴새의 먹이 사냥 여행 경로. 대부분이 섬 주위 반경 100km 이내에서 먹이를 잡는데, 때로는 100km를 넘는 곳까지 떠난다. 별표는 섬을 향해 돌아오는 지점.(시오미 고즈에 외, 2012)

거를 달아서 살펴보니, 어미와 아비는 보통 섬 주변에서 먹이를 잡아다 매일 둥지로 돌아와 새끼에게 먹이고 있었다. 부모 새는 가끔 100km 넘게 떨어진 해역까지 먹이를 잡으러 갔다. 가장 멀게는 홋카이도 동쪽 해안 앞바다까지 편도 500km 거리를 왕복한 경우도 있다.그림 5.10

GPS 데이터로 계산한 대지 속도(비행한 두 지점 사이의 거리를 비행 시간으로 나눈 평균 속도)를 집계해 살펴보니, 시속 10km 이하로 날아가는 느린 이동과 그 이상 속력을 내는 빠른 이동이 있었다.그림 5.11 전자는 해수면에 내려앉아 휴식을 취할 때 해류나 바람에 떠밀려 가는 속도로 추측되고, 후자는 날아서 이동할 때의 속도이다. 비행할 때의 대지 속도는 시속 10km부터 시속 70km까지 폭이 크다. 슴새는

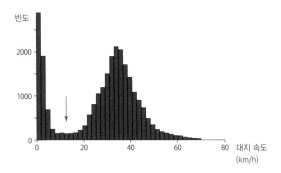

그림 5.11 GPS 데이터로 계산한 슴새의 대지 속도. 화살표보다 높은 속도가 날아서 이동할 때의 대지 속도에 해당한다.(시오미 고즈에 외, 2012)

주로 바람을 이용해 활공하며 때때로 날갯짓해 난다. 순풍이 불어올 때는 이동 속도가 빠르고 역풍이 불면 속도가 떨어진다. 날아오를 때 슴새의 평균 대지 속도는 시속 35km가 된다.

슴새가 나는 패턴을 조사해 보니, 계속 날기만 하는 것이 아니라 81%의 시간을 나는 데 쓰고 남은 19%는 바다 위에서 쉬는 데 할애하고 있었다. 이 휴식 패턴과 앞서 말한 평균 대지 속도를 따져 계산하면 슴새는 2.1분에 1km를 이동한다. 예를 들어 슴새가 100km 떨어진 곳에서 돌아올 경우, 이동에는 3.5시간이 필요하다. 한편 500km 떨어진 곳에서 돌아올 때는 17.5시간이나 걸리게 된다.

그런데 한 가지 이상한 점이 있다. 슴새는 새벽 전에 먹이 사냥에 나서고 일몰 후 몇 시간 이내에 섬으로 돌아오는 습성을 가지고 있다. 조사 목적으로 섬에서 캠프 생활을 할 때, 해가 지면 둥지로

바다 동물은 왜 느림보가 되었을까?

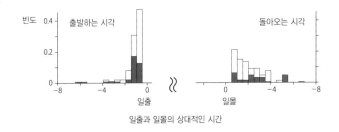

그림 5.12 슴새가 먹이 사냥 여행에 나서는 시각(왼쪽)과 둥지로 돌아오는 시각(오른쪽)의 히스토그램. 100km 이내의 단거리를 다녀올 때를 흰색, 그 이상 장거리를 다녀올 때를 회색으로 표현했다.(시오미 고즈에 외, 2012)

돌아오는 새들이 하늘을 가득 메웠다.

　근처에서 사냥할 경우에는 '슬슬 해가 지겠네.' 생각할 때쯤 돌아오더라도 시간이 충분하지만 500km 정도 떨어진 장소에서 먹이를 잡을 경우에는 어두워질 때 귀로에 오르면 도착 시간이 완전히 늦고 만다. 그런데 조사 결과, 근처에서 돌아올 때나 먼 곳에서 돌아올 때 모두 귀가 시간은 비슷하고^{그림 5.12}, 비행 속도나 시간 비율에도 거리로 인한 차이는 없었다. 놀랍게도 슴새는 시간을 조절해서 거리가 멀수록 빨리 돌아오기 시작하는 것이다. 500km 떨어진 곳에서 먹이를 잡을 경우에는 일몰이 시작되기 17.5시간 전에 섬을 떠난다. 일몰 시각 17.5시간 전은 같은 날 동트기 전이다. 마치 우리가 먼 곳에서 예정된 회의 시간에 맞춰 아침 일찍 출발하는 것처럼, 새도 이동 개시 시각을 변경하는 것이다. 섬까지의 거리와 이동 개시 시각을 비교해 보니, 거리가 1km 멀어지면 2.2분 빠르게 출발하는 경향

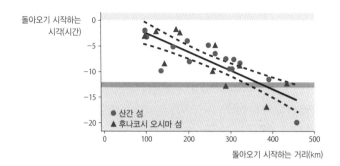

돌아오기 시작하는 시각(시간)

돌아오기 시작하는 거리(km)

● 산간 섬
▲ 후나코시 오시마 섬

그림 5.13 돌아오기 시작하는 지점에서 섬까지의 거리와 돌아오기 시작한 시간의 관계. 돌아오기 시작한 시각은 일몰 시각부터 역산한 상대적인 시간(시오미 고즈에 외, 2012)

을 보였다.그림 5.13 이것은 앞서 말한 수평 이동 능력과 거의 일치한다. 슴새는 마치 둥지까지의 거리와 자신들의 이동 능력에 맞추어 귀가 시각을 조절하는 것 같았다. 평균 시속 35km로 비행 시간의 80%는 날고, 20%는 쉬는 것은 아마 슴새가 에너지를 최소로 소비하는 최적의 비행 방법일 것이다. 슴새는 이 패턴을 지키며 시간에 맞춰 섬으로 돌아오고 있다.

최고치보다 평균치

우리는 바다거북을 유영 능력이 떨어지는 느림보라고 지레짐작하고 있었던 것 같다. 빠르게 헤엄칠 수 있는데도 이동에 필요한 에

바다 동물은 왜 느림보가 되었을까?

너지를 아끼려고 일부러 천천히 이동한다고는 생각해 본 적이 없다. 우리 인간은 대사 속도가 높은 포유류의 습성을 가지고 있기 때문인지 조금 급하게 살고 있는 것 같다.

어류부터 포유류에 이르는 수생동물의 몸에 같은 장치를 달아서 움직임을 조사한 결과, 동물들이 더욱 깊게 잠수할 수 있으면서도 주로 얕은 곳에서 짧게 잠수하며 평상시에는 최고 속도보다 훨씬 천천히 이동한다는 것을 알았다. 또 슴새는 고속으로 날거나 무리해서 오랫동안 비행을 계속하지 않고, 출발 시각을 조절해서 둥지로 돌아오는 때를 맞추고 있었다.

우리 인간들은 동물의 최대 능력에 관심을 기울이지만, 동물의 진짜 능력은 최고치가 아닌 평균치에서 나타난다. 아주 극히 드물게 일어나는 최고치의 움직임보다 매일매일 살아가는 모습에 주목해야 동물의 일상을 바르게 이해할 수 있다. 깊이나 거리, 속도에 관한 흥미는 이제 접어 두자.

 동물들이 게으름을 피우는 이유

동물을 조사하기 위한 기본적인 수단은 관찰이다. 관찰이 가능할 것 같던 바닷속은 눈으로는 거의 볼 수 없었다. 바닷속에서 사는 동물을 조사할 때는 관찰이 어려운 대신 바이오 로깅과 음향 등 특수한 방법이 도움이 된다. 조사를 통해 해양 동물이 사는 모습과 놀랄 만한 능력이 밝혀지기도 하지만, 한편으로는 '야생동물은 언제나 목숨을 걸고 열심히 움직일 것이다.'라는 인간의 일방적인 기대를 저버리는 상황도 적지 않았다. 동물들은 항상 능력을 최대로 발휘하지 않을 뿐 아니라, 동종 개체나 타종 개체, 혹은 인간에게 크게 의존하며 살아가고 있었던 것이다.

이런 야생동물의 모습은 게으름을 피우는 것처럼 비칠 수도 있다. 그러나 잘 생각해 보면, 될 수 있는 한 힘을 쓰지 않는 이런 행동 방식이야말로 냉혹한 자연환경에서 살아남을 수 있는 동물들의 진정한 생태다.

제1차 남극 월동대 대장을 지낸 니시보리 에이자부로는 항상 능률을 중시하며 부하에게도 자신의 사고방식을 권장했다고 한다. 니시보리가 너무나도 잔소리를 해, 대자 월동 대원이 물었다. "능률이 대체 뭡니까?" 그러자 "목적을 달성해 가면서 요령 있게 쉬는 것이다."라는 답이 돌아왔다고 한다. 요령 피우는 것을 괘씸하게 여기는 사람도 있겠지만, 목적을 달성하며 요령을 부리면 에너지와 시간에 여유가 생긴다. 그 여유분을 다른 곳에 사용하면 더욱 많은 일을 할 수 있다. 요령 좋게 쉬는 것이야말로 삶을 성실하게 꾸려 나가는 자세일지도 모른다.

가진 능력을 모두 발휘하지 않고 때로는 다른 동물이나 인간에게 기대어 먹이를 얻는 야생동물들은 언뜻 보기에는 게으름을 피우는 것 같지만 실은 능률을 중시하며 살아가고 있다.

효율을 높이는 '성실'

연구소에 정직원으로 취직해 조수라는 직함을 달았을 때 전임자가 조언해 주었다.

"자네는 젊고 체력도 좋으니 모든 일에 전력투구할 것 같군. 그러니 새겨듣게. 중요하지 않은 일에 온 힘을 다 쏟지 않도록 하게."

불성실한 얘기로 들릴 수도 있는 이 조언은 이 책에서 소개한 야생동물의 행동 지침과 일 맥상통하는 면이 있는 것 같다.

평소 우리가 하는 일은 투자한 시간과 작업의 완성도가 반드시 비례하지는 않는다. 새로운 일을 시작하면 처음에는 순조롭게 진행되지만 완성도가 올라감에 따라 생각한 대로 진척되지 않는다. 80%만 하고 끝낼 수도 있지만 100%를 이루기 위해서는 갑절의 시간이 필요하다. 한정된 시간 안에 일을 몇 개나 처리하는가. 그것은 일의 완성도에 따라 크게 좌우된다. 한 가지 일에 몰두해서 100% 가까이 완성하고 다음 일에 착수하는 사람에 비해서 80%, 때로는 60%만 완성하고 적당히 마무리하는 사람은 수치상 곱절 이상의 일을 처리할 수 있다. 똑똑한 고등학생도 할 수 있는 허드렛일에 100% 완성도를 추구하는 것은 힘과 시간 낭비다. 그래서 나(사토 가쓰후미)는 진지하게 꾀를 부리며 일하고 있다.

이 글 서두에 꺼낸 전임자의 조언은 이렇게 끝을 맺는다.

"중요하지 않은 일에는 철저히 게으름을 피우고 연구에 몰두하게!"

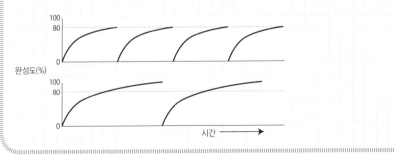

그림 5.14 행동 기록계를 붙여 방류한 홍살귀상어 유어

 죽을힘을 다할 때도 있다

앞서 동물의 진짜 능력은 최고치가 아니라 평균치에서 나타난다
고 서술했다. 개체마다 동기가 크게 다르고 표본 수가 많고 적음에
따라 최고치가 좌우되기 때문에 비교할 수 있는 행동 데이터를 측정
하기가 어렵다. 하지만 동물이 가진 능력을 모두 쏟아 낸다면 어떤
기록이 나올지 조사해 보고 싶긴 하다.

능률을 중시하며 살아가는 동물이 능력을 끝까지 발휘할 때가
있을까. 아마 포식자에게 쫓길 때는 목숨을 건지기 위해서 힘을 최
대로 발휘할 것이다.

바다 동물은 왜 느림보가 되었을까?

2007년 여름, 하와이 오하우 섬 주변에서 홍살귀상어를 조사할 때였다. 카네오헤 만에서 낚아 올린 50cm 정도 되는 귀상어 유어(알에서 갓 깬 어린 물고기)에게 가속도와 심도를 측정하는 행동 기록계를 달았다.그림 5.14 방류 하루 뒤에 몸체에서 기록계만 분리되도록 설정해 놓았기 때문에, 우리는 다음 날 예정된 시각에 언덕 위에서 전파를 수신하려고 준비했다. 예정대로 분리 장치가 작동했다면, 기록계가 바다 위로 떠오르고 부력체에 붙인 초단파 발신기로부터 전파를 받을 수 있을 터였다. 그런데 전파가 오지 않았다. 저녁때까지 기다렸지만 소식이 없었다.

장치가 산호초에 걸렸을지도 모르고 해변에서 수영하던 관광객이 호기심에 주워 갔을 가능성도 있다. 여러 경우를 가정하고 작전을 짰지만 묘안은 떠오르지 않았다. 할 수 없이 다음 날도 그다음 날도 계속 수신 작업을 되풀이했다. 대를 높게 쌓아 지은 호화로운 별장의 정원에서 바다 쪽으로 안테나를 흔들고 때로는 마을의 민가 방향으로도 안테나를 뻗어 보았지만 수신은 없었다.

예정일보다 사흘 정도 지났을 때, 처음에 수신 작업을 했던 언덕 위에서 별 기대도 없이 탐색을 시작했는데, 스위치를 올리자마자 '삐, 삐, 삐' 소리가 났다. 기쁜 마음에 한달음에 배를 몰고 나가서 만 안쪽에 떠 있는 장치를 회수했다.

장치를 고정하고 있던 부력체에는 날카롭게 베인 상처 같은 것이 있었고 쓰레기 냄새가 났다. 도대체 이 장치에 무슨 일이 일어난 것인지 궁금했는데 데이터를 내려받아 본 뒤에는 짐작이 갔다.

귀상어는 방류된 뒤 1초 동안 1.5회 정도의 주파수로 꼬리지느러미를 흔들면서 표층 근처를 헤엄치고 있었다. 그런데 몇 시간이 지난 후 커다란 진폭으로 잦은 움직임을 보이다가 갑자기 움직임이 멈췄다. 그 이후 1초간 0.5회 정도의 느긋한 주파수로 다시 움직이면서 표층에서 수십 미터 되는 깊이를 몇 번이나 왕복했다. 사흘 뒤에 다시 가속도가 큰 진폭을 보인 후 장치는 물 위로 떠올랐으며 우리가 회수할 때까지 쭉 그 상태였다. 장치를 붙여 방류한 귀상어 유어는 뱀상어 같은 대형 포식자에게 잡아먹힌 모양이었다. 그 후, 포식자가 위 안에 있던 장치를 이물로 확인하고 토해 냈기 때문에 무사히 장치를 회수할 수 있었다. 우연이기는 하지만 이런 방법으로, 문자 그대로 필사적으로 도망가는 물고기의 운동을 측정할 수 있었다. 앞으로 이렇게 사력을 다해 달아나는 다양한 행동을 측정할 수 있다면 같은 조건에서 최대 운동 능력을 측정해 비교하는 것도 가능할지 모른다.

 효율이 전부는 아니다

이 책의 원제는 『게으름뱅이 동물들』이다. 우리 예상과 달리 야생동물이 실은 꽤 게으름을 피우고 있다는 사실을 보여 주는 예를 몇 가지 소개했다. 게으름이라고 표현했지만 동물들은 목적을 달성하면서 게으름을 피우는 행위, 즉 효율을 추구한다. 효율성 높은 행

바다 동물은 왜 느림보가 되었을까?

동으로 목적을 달성할 수 있기에 동물들은 좀처럼 최대 능력을 발휘하지 않고 살아가고 있다. 그뿐 아니라 종종 다른 개체에 기대어 살아간다. 이것이야말로 스스로 먹이를 잡아야 살 수 있는 야생동물이 어쩔 수 없이 선택한 효율적인 생존 방법이다.

하지만 효율로는 설명되지 않는 야생동물의 행동을 목격한 적이 있다. 데이터 로거를 단 황제펭귄이 먹이 사냥 여행에서 돌아오기를 기다리며 번식지에서 새끼 펭귄들을 관찰하다가, 새끼 한 마리가 하늘에서 춤추듯 떨어지는 눈송이를 부리로 잡으려고 하는 장면을 목격했다.그림 5.15 번식지에 있는 펭귄은 수분을 보충하기 위해 자주 발 아래 쌓인 눈을 먹는다. 이렇게 쉽게 수분을 보충할 수 있는데 굳이 하늘에서 내려오는 눈을 먹는 것은 효율이 떨어지는 행위이다. 새끼는 아마도 놀이 삼아 하늘에서 떨어지는 눈을 잡으려던 것 같다. 이처럼 동물들의 움직임에는 가끔 불필요해 보이는 동작도 많이 포함되어 있다. 마치 인간 아이들처럼 말이다. 얼마 전에 초등학생인 아들과 아들 친구를 데리고 동물원에 갔다. 활력 넘치게 동물원 안을 뛰어다니는 아이들과 행동을 같이하는 것은 일찍 단념하고, 대신 움직임을 관찰했다. 아이들은 같은 우리를 몇 번씩 가 보고 동물원 안을 끝에서 끝까지 되풀이해서 왕복했다. 보다 못한 나는 아이들을 안내 그림 앞으로 끌고 가서, 보고 싶은 동물을 골라 어떻게 돌아볼 건지 생각하라고 재촉했다. 하지만 아들과 그 친구는 내 조언은 들은 체 만 체 하루 종일 쉬지 않고 뛰어다녔다. 그러더니 마지막에는 전지가 다 닳은 것처럼 움직이지 않았다. 아이들은 동물원 안을 효

그림 5.15 하늘에서 내려오는 눈을 먹는 새끼 황제펭귄

율적으로 돌아보겠다거나 저녁까지 체력을 아껴 두려는 생각은 전혀 하지 않았다. 하지만 이렇게 한계까지 즐겁게 움직이는 것은 틀림없이 체력을 키우는 데 도움이 될 것이다.

돌고래와 고래는 야생에서도 꽤 잘 논다. 큰돌고래는 바닷속을 떠도는 비닐봉지나 자기가 뽑은 해초 등을 입에서 등지느러미로, 등지느러미에서 꼬리지느러미로 옮기면서 또 때로는 다른 큰돌고래에게 걸쳐 놓으며 장난친다. 이 밖에도 사냥할 생각 없이 바다거북을 추격하고 문어를 산 채로 잡아 몸에 붙이며 논다. 혹등고래를 미끄럼틀 삼아 논다는 보고도 있다. 육상동물, 예를 들어 까마귀나 영장

류도 여러 가지 놀이를 한다는 보고가 있다.

놀이를 하는 어린이나 야생동물처럼 우리 연구자들도 중요하다고 생각하는 사항에 대해서는 효율을 따지지 않고 착수한다. 이 책에서 소개한 우리의 연구 성과는 결코 효율 좋게 얻었다고는 할 수 없다. 모래사장에서 언제 돌아올지 모르는 바다거북을 하염없이 기다리고, 발견한다는 보장도 없는 돌고래를 찾아 배를 타고 2주 동안 헤매고, 값비싼 데이터 로거와 음향 장비를 몇 개나 바다에 수장하면서 방대한 에너지와 시간을 들인 끝에 겨우 발견했다.

앞으로 장치는 계속 발전하겠지만 연구자들의 사정은 별반 달라지지 않을 것이다. 아마도 지금과 같이 시행착오를 반복하면서 체면을 생각하지 않고 우왕좌왕하며 효율 낮은 연구를 진행하겠지. 하지만 일반적이지 않은 수단인 바이오 로깅과 음향으로 이루어 내는 연구 성과는 시각에 크게 의존해 살아가는 인간들에게 새로운 시점을 제시할 것이 분명하다.

맺음말

물속에 살고 있어서 보이지 않고, 보이지 않으니 알 수 없는 야생동물에 대해서 우리는 일방적으로 늘 열심히 사는 모습을 기대하고 있었던 것 같다. 잡아먹느냐 먹히느냐 하는 생사가 갈리는 혹독한 생존 경쟁 속에서 게으름이라니 가당치 않다, 꾀를 부리는 것은 인간만이 가진 나쁜 특성이다, 라고 단정 짓고 있었다.

지금까지 많은 연구자와 기술자들이 눈에 보이지 않는 야생동물의 생태를 밝히기 위해 '비효율적으로' 노력했다. 그 덕분에 조금씩 보이기 시작한 야생동물의 진짜 모습은 우리가 품고 있던 인상, 즉 '항상 전력투구' '끈질긴 근성'이라는 이미지와 비교하면 명백하게 '게으름을 피우는' 쪽이다. 게으름을 피우고, 이용할 수 있는 것은 모두 이용한다. 그리고 당연히, 쉬고 잠잔다. 하지만 그 게으름은 효율을 올리기 위한, 또는 죽을 확률을 낮추기 위한 어쩔 수 없는 선택이다.

물에서 사는 동물은 인간과 매우 다른 감각을 가지고 있는 경우가 많다. 돌고래는 주변을 '소리로' 볼 수 있다. 어쩌면 우리가 눈으로 산호초를 보고 예쁘다고 생각하는 것처럼 색감이 퇴화한 돌고래는 산호초의 울퉁불퉁한 모습을 '소리로 보고' 예쁘다고 느낄지도 모른다.

이렇게 보이기 시작한 야생동물의 모습은 우리가 제멋대로 키운 기대를 완전히 배반한다. 아직도 인간이 상상할 수 있는 범위는 좁다. 하지만 보이지 않아서 알 수 없는 세계는 눈을 뜨는 만큼 넓어진다. 인간은 동물의 시선으로 그들의 세계를 상상할 수 있다. 동물의 시선을 이해하면 할수록, 인간이 상상할 수 있는 범위는 점점 더 넓어진다.

이 책은 '야생동물도 게으름을 피우니 인간들이여, 더 꾀를 부려라.'라고 말하고자 하는 게 아니다.(이렇게 과학에서 발견된 사실을 인간이 지켜야 할 규범으로 한정하는 생각을 '자연주의의 오류'라고 부른다.) 지금까지 효율을 추구하기보다 바보스러울 만큼 온 힘을 쏟은 연구가 바라던 값을 넘어서는 성과를 가져왔고, 그것이 인류의 재산이 되었다. 그리고 이 책이야말로 '비효율적인' 노력으로 얻은 결과이다.

효율을 따지지 않고 연구 생활을 지지해 준

가족과 동료, 선배들에게 감사하며

2013년 1월 모리사카 다다미치

옮긴이의 말

　자연 속 동물들의 모습을 다룬 다큐멘터리를 보고 있노라면 나도 모르게 몸에 힘이 들어가고 긴장이 된다. 야생동물들의 생활은 위험의 연속이다. 먹이사슬 지위가 높고 낮음은 별 상관이 없다. 무리 지어 풀을 뜯어 먹는 초식동물은 초식동물대로, 이들을 노리는 맹수는 맹수대로 살기가 수월치 않다. 초식동물은 맹수에게 잡히면 바로 목을 뜯기고 한 끼 식사가 된다. 반대로 맹수가 초식동물을 놓치면, 새끼들은 배를 곯고 약해져 내일을 장담할 수 없다. 생존이 최우선 과제인 자연에서 경쟁에 진다는 것은 곧 죽음을 뜻한다. 패자부활전이 없는 이곳의 삶은 매순간이 치열하고 처절해서 숨 돌릴 틈이라곤 조금도 없다. 항상 발굽이 닳도록 도망치고 늘 발톱이 빠지도록 쫓아가야 목숨을 이어 가는 삶. 내가 야생동물의 삶에 대해 가지고 있던 이미지는 이런 것이었다.

　『바다 동물은 왜 느림보가 되었을까?: 게을러야 살아남는 이상한 동물 이야기』는 지금까지 내가 품고 있던 상식을 완전히 배반하는 책이다. 본문에서 밝힌 연구 결과에 따르면 동물들은 짬짬이, 틈틈이, 기회만 생기면 게으름을 피운다. 돌고래들은 바다 깊은 곳에서 나란히 줄을 지어 한쪽 눈을 감은 상태로 쉰다. 또 장해물이나 먹이의 존재 등 전방 상황을 확인하고 문제가 없으면 잠깐 휴식을 취한다. 바다표범은 뒷지느러미를 움직이지 않고 누워서 마치 나뭇잎이 떨어지듯 빙글빙글 돌면서 쉰다. 그러다가 쿵 하고 바다 밑바닥으로 떨어져 그대로 5분간 잠을 자기도 한다. 잠수한 펭귄은 온 힘을 다해 날개를 저을 것이라는 인간의 예측과는 달리 날갯짓을 멈추고 부력을 사용해서 편하게 물 위로 떠오른다. 이런 사실들은 우리가 동물에 대해 막연히 가지고 있던 이미지 즉, 동물들은 항상 온 힘을 다하고 마냥 우직할 것이라는 생각을 뒤집는다.

동물들은 게으름을 피울 뿐 아니라, 한 술 더 떠서 꾀를 내기도 한다. 소리로 주변을 살피고 다른 개체와 의사소통하는 돌고래는 곁에 있는 돌고래의 소리를 훔쳐 듣고 상황 정보를 얻는 것으로 추측된다. 바닷새들은 서투른 잠수를 하는 대신 범고래가 흘린 것을 먹고 어선에서 내버리는 작은 물고기를 강탈해 배를 채운다. 펭귄은 바다 밑으로 500미터 이상 잠수할 수 있지만, 사람이 인공적으로 얼음에 구멍을 뚫어 놓으면 멀리 가지 않고 얼음 바로 아래에 있는 물고기를 쪼아 먹는다.

동물들은 하루 종일 전력투구하는 게 아니라, 게으름도 피우고 이용할 수 있는 것은 모두 이용한다. 하지만 게으르다고, 꾀를 부린다고 이들을 나무랄 수는 없다. 동물들의 게으름은 죽고 사는 문제와 연결되기 때문이다. 항상 신경을 곤두세우고 모든 행동에 온 힘을 쏟고서는 살 수 없다. 긴장 상태에서 한숨 돌리고 적당히 느슨하게 풀어 주는 것은 생물이 살아가는 데 꼭 필요한 행동이다.

책을 한 쪽 한 쪽 번역해 나가며 동물들의 행동에 감탄하던 중, 문득 2년 전 석모도에서 본 장면이 떠올랐다. 배가 출발할 즈음 갈매기 한 마리가 햇빛을 가리는 차양 위에 올라앉았다. 그 모습을 보고 잠시 날개를 쉬는 것이려니 짐작했는데 웬걸, 갈매기는 죽 배를 타고 바다를 건넜다. 선체가 잠시 흔들릴 때도 놀라서 날아가기는커녕 발만 조금 움직여 다시 균형을 잡는 걸 보니 한두 번 해 본 솜씨가 아닌 듯했다. 갈매기의 모습이 너무나 자연스러워서 저 새 날갯죽지 밑을 뒤지면 정기 탑승권—그것도 단골들에게만 30퍼센트 할인되는 티켓—이 나오는 것은 아닐까 하는 엉뚱한 생각이 들 정도였다.

하늘을 나는 앨버트로스도, 깊은 바다에 사는 고래도, 남인도양의 펭귄도, 일본 바다를 헤엄치는 돌고래도, 그리고 우리나라 석모도의 갈매기도 이용할 수 있는 기회는 모두 이용해 게으름을 피우며 힘을 축적한다.

이런 해양 동물들의 속사정은 연구자들이 시점과 관찰 수단에 변화를 주면서 비로소 밝혀졌다. 땅에 발을 디디고 사는 인간이 물 속에서 사는 동물들에 대해 조사하는 것은 쉽지 않다. 연구자들은 바다 동물들이 평소에 움직이는 모습을 관찰하기 위해 수중 풍경을 들여다볼 수 있는 수중 관찰 관을 고안했다. 그리고 여기서 한 발짝 더 나아가 동물 몸에 직접 달 수 있는 장비들을 개발해 이들의 행동과 생활을 살폈다.

이런 과정을 통해 얻은 성과도 많지만 아직 이유를 밝혀내지 못

한 행동도 많다. 이 책 본문에도 '……로 추측된다.'라는 문장이 적지 않게 눈에 띈다. 돌고래는 소리를 훔쳐 듣는 것으로 추측되며, 고래는 대형 오징어를 잡기 위해 평소보다 깊은 곳에서 가속하는 것으로 추측된다. 이런 추측을 사실로 바꿔 놓을 수 있는 것이 끊임없는 관찰과 연구이다. 그리고 지속적인 관찰과 연구의 동력은 대상에 대한 흥미에서 나온다. 이 책이 독자 여러분의 흥미를 일으키는 스위치 역할을 했으면 좋겠다. 아울러 한 점 더 욕심을 얹자면, 지구가 인간의 것만이 아닌 살아 있는 모든 생물의 것이라는 사실을 다시 한 번 새기는 계기가 된다면 더 바랄 나위 없겠다.

2014년 겨울
유은정

사진과 도표 제공자

그림 1.4, 그림 2.1: 나이토 야스히코

그림 2.10(위), 그림 4.9(위): 고구레 유키히사

그림 2.10(아래): 와타누키 유타카

그림 2.11, 그림 4.9(아래): 사카모토 겐타로

그림 3.1(사진): 아카마쓰 도모나리

그림 3.5: 사카이 마이

그림 3.8 ①: Projeto Toninhas / UNIVILLE

그림 4.6: 야마타니 도모노리

그림 4.7, 그림 4.8: 아오키 가가리

「옮긴이의 말」 사진: 유은정(옮긴이)

바다 동물은 왜 느림보가 되었을까?

참고 문헌 및 출전

1장

Boyd, I. L. et al.(2004). *Memoirs of National Institute of Polar Research Special Issue* **58**, pp.1-14.

DeVries, A. L. & Wohschlag, D. E.(1964). *Science* **145**, p.292.

Kooyman, G. L.(1966). *Science* **151**, pp.1553-1554.

Kooyman, G. L. et. al.(1971). *The Auk* **88**, pp.775-795.

_____(1976). *Science* **193**, pp.411-412.

_____(1982). *Science* **217**, pp.726-727.

Plötz, J. et al.(2011). *Polar Biology* **24**, pp.901-909.

Sato K. et. al.(2011). *Journal of Experimental Biology* **214**, pp.2854-2863.

Testa, J. W.(1994). *Canadian Journal of Zoology* **72**, pp.1700-1710.

Wienecke, B. et al.(2007). *Polar Biology* **30**, pp.133-142.

2장

Davis, R. W. et al.(1999). *Science* **283**, pp.993-995.

LeBoeuf, B. J. et al.(1989). *Canadian Journal of Zoology* **67**, pp.2514-2519.

松本経(2008). 北海道大学大学院 博士学位論文

Nawab, A. et al.(2010). *Telemetry in Wildlife Science* **13**, pp.171-184.

Sakamoto K. et al.(2009). *PLoS ONE* **4**, e7322. DOI : 10.1371/journal. pone.0007322.

Sato K. et al.(2002). *Polar Biology* **25**, pp.696-702.

_____(2003). *Marine Mammal Science* **19**, pp.384-395.

Watanabe Y. et al.(2003). *Marine Ecology Progress Series* **252**, pp.283-288.

Watanuki Y. et al.(2007). *British Birds* **100**, pp.466-470.

_____(2008). *Marine Ecology Progress Series* **356**, pp.283-293.

Yoda K. et al.(2011). *PLoS ONE* **6**, e19602. DOI: 10.1371/journal.pone.0019602.

3장

Akamatsu T. et al.(1998). *Journal of the acoustical Society of America* **104**, pp.2511-2516.

_____(2005). *Proceedings of the Royal Society of London, Series B.* **272**, pp.797-801.

Au, W. W. L. & Snyder, K. J.(1980). *Journal of the acoustical Society of America* **68**, pp.1077-1084.

Cranford, T. W.(1999). *Marine Mammal Science* **15**, pp.1133-1157.

Götz T. et al.(2006). *Biology Letters* **2**, pp.5-7.

Morisaka T. & Connor, R. C.(2007). *Journal of Evolutionary Biology* **20**, pp.1439-1458.

Morisaka T. et al.(2005). *Journal Mammalogy* **86**, pp.541-546.

Xitco, M. J. & Roitblat, H. L.(1996). *Animal Learning & Behavior* **24**, pp.355-365.

4장

Aoki K. et al.(2012). *Marine Ecology Progress Series* **444**, pp.289-301.

Miller, P. W. et al.(2008). *Current Biology* **18**, R21-23.

Mitani Y. et al.(2010). *Biology Letters* **6**, pp.163-166.

Sakamoto K. et al.(2009). *PLoS ONE* **4**, e5379. DOI: 10.1371/journal. pone.0005379

Sato K. et al.(2002). *Journal of Experimental Biology* **205**, pp.1189–1197.

_____(2003). *Journal of Experimental Biology* **206**, pp.1461–1470.

5장

Deakos, M. H. et al.(2010). *Aquatic Mammals* **36**, pp.121–128.

Sato K. et al.(2007). *Proceedings of the Royal Society of London, Series B.* **274**, pp.471–477.

_____(2010). *Proceedings of the Royal Society of London, Series B.* **277**, pp.707–714.

_____(2011). *Journal of Experimental Biology* **214**, pp.2854–2863.

Shiomi K. et al.(2012). *Animal Behavior* **83**, pp.355–359.

Soto, N. A. et al.(2008). *Journal of Animal Ecology* **77**, pp.936–947.

Tanaka S. et al.(1995). *Nippon Suisan Gakkaishi* **61**, pp.339–345.

Takahashi A. et al.(2004). *Proceedings of the Royal Society of London, Series B.* **277**, S281–S282.

Watanabe Y. et al.(2011). *Journal of Animal Ecology* **80**, pp.57–68.

_____(2012). *Journal of Experimental Marine Biology and Ecology* **426–427**, pp.5–11.

찾아보기

바다 동물은 왜 느림보가 되었을까?